Kürpig Niewiadomski   GRUNDLEHRE GEOMETRIE

Friedhelm Kürpig Oliver Niewiadomski

GRUNDLEHRE GEOMETRIE

Begriffe, Lehrsätze, Grundkonstruktionen

vieweg

Die Deutsche Bibliothek- CIP- Einheitsaufnahme
Kürpig, Friedhelm:
Grundlehre Geometrie; Begriffe, Lehrsätze, Grundkonstruktionen.
Friedhelm Kürpig, Oliver Niewiadomski
Braunschweig; Wiesbaden: Vieweg, 1992
ISBN 3-528-08666-1
NE: Niewiadomski, Oliver

Druck und buchbinderische Verarbeitung: Lengericher Handelsdruckerei, Lengerich.
Graphische Gestaltung: Oliver Niewiadomski.
Gedruckt auf säurefreiem Papier
Printed in Germany

ISBN 3-528-08666-1

Inhalt

Vorwort

人 Grundlagen 9
Elemente, Punkt, Gerade, Ebene, Dimensionen, Kollinearität, Komplanarität,
Parallelität, Lotrecht, Strahl, Strahlenbüschel, Strecke, Mittelpunkt, Mittel-
senkrechte, Lot, Lotkonstruktionen, Streckenteilungen, Goldener Schnitt, Winkel,
Winkelpaar, Wechselwinkel, Stufenwinkel, Winkelhalbierende, Winkeltypen,
Winkelkonstruktionen, Ebene Abbildung, Kongruenz,

○ Kreis 23
Definition, Mittelpunkt, Peripherie, Radius, Umfang, Bogen, Sehne, Zentriwinkel, Peripheriewinkel, Durchmesser, Halbkreis, Sekante, Tangente, Normale,
Fläche, Segment, Sektor, Quadrant, Sehnensatz, Sekantensatz, Tangentensatz,
Tangentenviereck, Sehnenviereck, Sehnen-Tangentenwinkel, Peripheriewinkelsatz, Thalessatz, Kreis durch drei Punkte, Mittelpunktsbestimmung, Tangentenkonstruktionen, Tangentialer Übergang, Anschlußkurven, Rektifikation des Kreises,
regelmäßige Kreisteilungen, Sehnenkonstruktion nach Leonardo da Vinci,
Ermittlung von Zentri-, Seiten- und Basiswinkeln,

△ Dreieck 39
Definition, Ecken, Seiten, Winkelsummen, Höhen, Fläche, Seitenhalbierende,
Schwerpunkt, Winkelhalbierende, Inkreis, Mittelsenkrechte, Umkreis, Außen-
winkelhalbierende, Ankreise, Projektionssatz, Spezielle Dreiecke, Satz des
Pythagoras, Monde des Hippokrates, Kathetensatz, Höhensatz, Quadratur
des Rechtecks,

□ Viereck 49
Definition, Ecken, Seiten, Diagonalen, konvexes und konkaves Viereck, Fläche,
Winkelsumme, Inkreis, Umkreis, Ankreise, spezielle Vierecke, spezielle Recht-
ecke, Achteck im Quadrat,

⌂ Polygone 57
Konstruktion regelmäßiger Vielecke bei vorgegebener Seitenlänge: Dreieck,
Quadrat, Fünf-, Sechs-, Sieben-, Acht- und Zwölfeck, zentrische Streckung,

Inhalt

∨ Kegelschnitte 63
Ellipsendefinition, Brennpunkte, Brennstrahlen, Abstandssumme, Mittelpunkt, Tangente, Sehne, Durchmesser, konjugierte Durchmesser, Achsen, Scheitel, Scheitelkreise, Fläche, Umfang, Brennpunktbestimmung, Ellipsenkonstruktionen: Gätner-, Scheitelkreis-, Tangenten-, Krümmungskreis-, Papierstreifen-, Rytzsche Achsenkonstruktion., Parabeldefinition, Brennpunkt, Leitlinie, Achse, Brennstrahlen, Scheitel, Scheiteltangente, Parabelkonstruktionen: Punkt-, Brennpunkt-, Leitlinien-, Tangenten-, Krümmungskreiskonstruktion,

Hyperbeldefinition, Brennpunkte, Brennstrahlen, Abstandsdifferenz, Achse, Scheitel, Mittelpunkt, Scheiteltangenten, Asymptoten, Punkt-, Asymptoten-konstruktion, konfokale Kurven,

◉ Spiralen 79
Spiralendefinition, archimedische Spirale, Radienzuwachs, Steigung, logarithmische Spirale, Spiralkonstruktionen, spezielle Spiralen, Kreisevolvente.

Register 85

Literatur 90

Autoren 91

Vorwort

Der vorliegende Band entstand als Studienarbeit im Fachgebiet
Konstruktive Geometrie in Zusammenarbeit mit den Fachbereichen
Industrial Design und Visuelle Kommunikation an der Hochschule für
Bildende Künste in Hamburg.

Da das Grundlagenwissen in Geometrie bei den Studienanfängern,
bedingt durch eine Verlagerung der Lehrinhalte an den Gymnasien,
in den letzten beiden Jahrzehnten immer geringer wurde, ergab sich
die Notwendigkeit, eine Sammlung der wichtigsten Grundkenntnisse
in Geometrie für Studentinnen und Studenten der gestaltenden Fach-
richtungen wie Architektur und Design herauszugeben.

Das Buch soll einerseits Grundlage für die weiterführenden Lehrver-
anstaltungen im Fachgebiet Konstruktive Geometrie sein, andererseits
soll es den Interessierten zum Selbststudium anleiten und Hilfestellung
bei der zeichnerischen Darstellung leisten.

Ziel der graphischen Gestaltung ist es, Begriffe, Lehrsätze und Grundkonstruktionen der ebenen Geometrie auf so anschauliche Weise zu ver-
mitteln, daß die Textbeschreibung auf ein Minimum beschränkt werden
kann. Dabei erscheinen Begriffe, Definitionen und Lehrsätze in der
Zeichnung fett, während Konstruktionszeichnungen und Beschreibungen
fein und kursiv gesetzt sind.

Unser Dank für die gestalterische Beratung gilt insbesondere den Herren
Prof. Hans Andree und Prof. Lambert Rosenbusch. Für die freundliche
Unterstützung bei der Anwendung der EDV für die graphische Bearbeitung
danken wir Herrn Prof. Dr. Bernd Kritzmann und Herrn Rainer Oehms, für
hilfsbereite Auskunft in buchbinderischen und drucktechnischen Fragen
Herrn Emil Wölfle und Herrn Uli Brandt, für die kritische Durchsicht des
Manuskriptes und das sorgfältige Lesen der Korrekturen Herrn
Prof. Dr. Reinhard Wodicka.

Hamburg 1991

Elemente, Punkt, Gerade, Ebene, Dimensionen: 10
Kollinearität, Komplanarität, Parallelität, Strahl,
Mittelsenkrechte, Strahlenbüschel, Strecke, Lot: 12
Lotkonstruktionen, Streckenteilungen, Goldener Schnitt:
Winkel, Winkeltypen: 14
Winkelkonstruktionen, Winkelteilungen: 18
Ebene Abbildung: 20
Kongruenz: 22

Elemente
Die Elemente der ebenen Geometrie sind **Punkt, Gerade**
und **Ebene.**

Punkt
Der Punkt hat keine Ausdehnung und die Dimension **null.**
Durch einen Punkt lassen sich unendlich viele Geraden legen.

Gerade
Die Gerade hat eine Ausdehnung und die Dimension **eins.**
Auf ihr liegen unendlich viele Punkte. Die Gerade ist durch
zwei Punkte bestimmt.

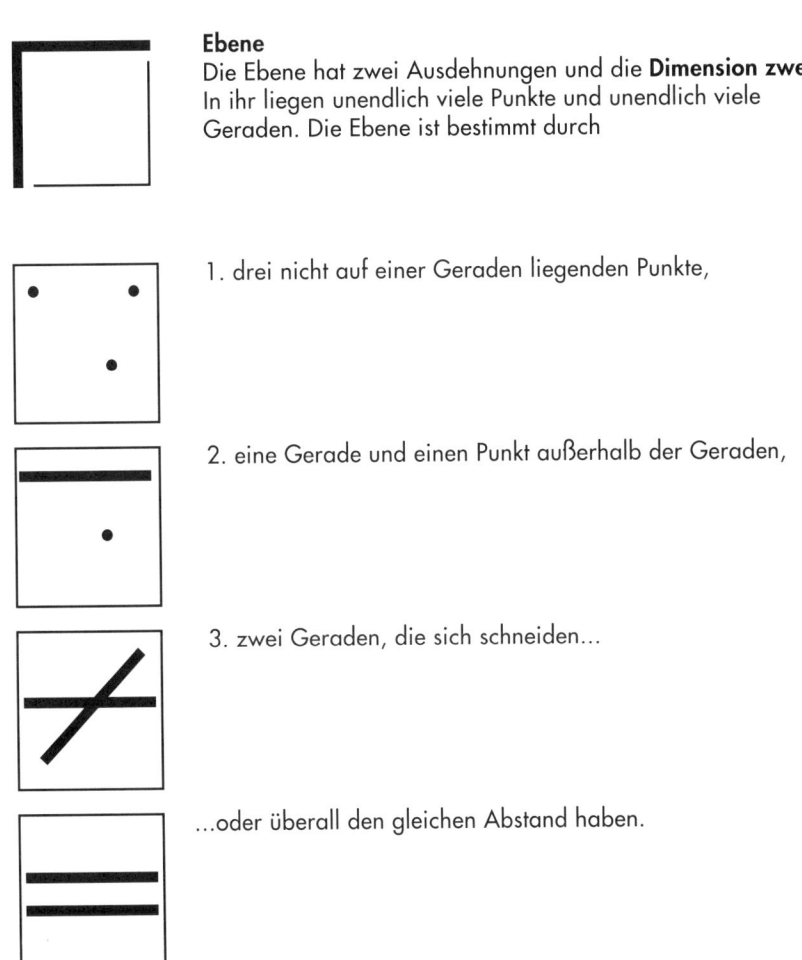

Ebene
Die Ebene hat zwei Ausdehnungen und die **Dimension zwei.**
In ihr liegen unendlich viele Punkte und unendlich viele
Geraden. Die Ebene ist bestimmt durch

1. drei nicht auf einer Geraden liegenden Punkte,

2. eine Gerade und einen Punkt außerhalb der Geraden,

3. zwei Geraden, die sich schneiden...

...oder überall den gleichen Abstand haben.

Kollinear
Punkte, die auf einer Geraden liegen, sind kollinear.

Komplanar
Punkte oder Geraden, die in einer Ebene liegen, sind komplanar.

Parallel
Geraden, die überall den gleichen Abstand haben, sind parallel.

Lotrecht
Geraden, die sich rechtwinklig schneiden, sind lotrecht bzw. senkrecht zueinander.

Strahl
Eine Gerade mit einem Endpunkt ist ein Strahl.

Strahlenbüschel
Haben mehrere Strahlen den gleichen Endpunkt, so bilden sie ein Strahlenbüschel.

Strecke
Eine Gerade mit zwei Endpunkten ist eine Strecke.

Mittelpunkt einer Strecke
Der Mittelpunkt halbiert die Strecke.

Mittelsenkrechte
Die Senkrechte im Mittelpunkt einer Strecke heißt Mittelsenkrechte.

Lot
Das Lot gibt den Abstand eines Punktes von einer Geraden an und ist somit die kürzeste Verbindung von Punkt und Gerade. Lot und Gerade schneiden sich rechtwinklig.

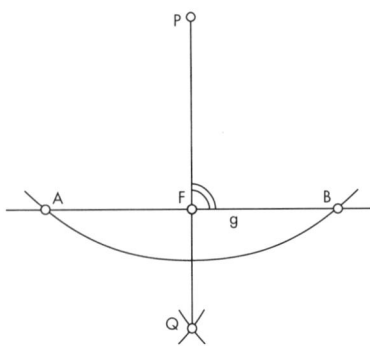

Fällen des Lotes von P

Gegeben sind eine Gerade g und ein Punkt P außerhalb der Gerade. Gesucht ist das Lot von P auf die Gerade. Man schlägt einen Kreis um P, der die Gerade in A und B schneidet. Um A und B schlägt man zwei Kreise mit gleichem Radius, die sich in Q schneiden. Die Gerade durch P und Q schneidet die gegebene Gerade im Lotfußpunkt F. $\overline{PF}$ ist das gesuchte Lot.

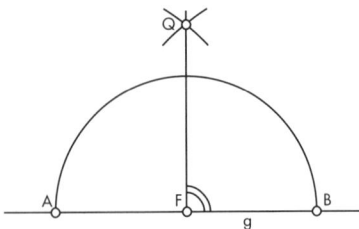

Errichten der Senkrechten in F

Gegeben sind eine Gerade g und einer ihrer Punkte F. Gesucht ist die Senkrechte in F. Der Kreis um F mit beliebigem Radius schneidet die Gerade in A und B. Die Kreise um A und B mit gleichem Radius schneiden sich in Q. Die Gerade durch F und Q ist die gesuchte Senkrechte in F.

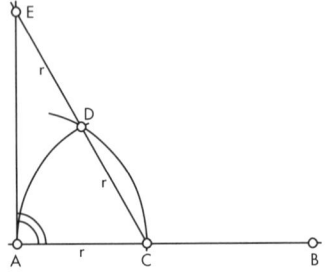

Errichten der Senkrechten im Endpunkt einer Strecke

Gegeben ist eine Strecke $\overline{AB}$, gesucht ist die Senkrechte im einen Endpunkt A. Der Kreis um A mit beliebigem Radius r schneidet $\overline{AB}$ in C. Die Kreise mit r um A und C schneiden sich in D. Die um r verlängerte Strecke $\overline{CD}$ ergibt E. Die Gerade durch A und E ist die gesuchte Senkrechte.

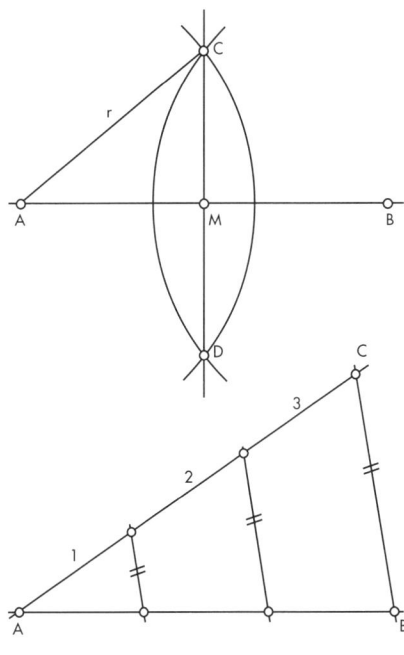

Halbierung einer Strecke
Gegeben ist eine Strecke $\overline{AB}$, gesucht ist der Mittelpunkt M. Die Kreise um A und B mit dem Radius r schneiden sich in C und D. Die Gerade durch C und D schneidet die Strecke $\overline{AB}$ im gesuchten Mittelpunkt M. Sie ist zugleich die Mittelsenkrechte auf $\overline{AB}$. (Der Radius r ist beliebig, solange die Schnittpunkte C und D existieren.)

Teilung einer Strecke in beliebig viele Teile
Gegeben ist eine Strecke $\overline{AB}$, gesucht sind die Punkte, die $\overline{AB}$ in beliebig viele gleiche Abschnitte teilen. Auf einem Strahl von A aus trägt man so viele gleiche Strecken ab, wie die Strecke $\overline{AB}$ Teile haben soll. Den letzten Punkt C des Strahls verbindet man mit dem Endpunkt B der Strecke. Die Parallelen zu dieser Verbindungsgerade durch die Teilungspunkte des Strahls teilen $\overline{AB}$ in die gewünschte Anzahl gleicher Abschnitte.

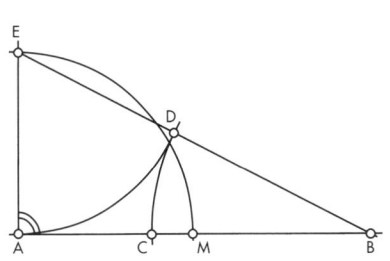

Goldener Schnitt (Stetige Teilung)
Eine Strecke $\overline{AB}$ ist dann stetig geteilt, wenn sich der kleinere Teil zum größeren verhält wie der größere zur Gesamtstrecke.
$\overline{AC}:\overline{CB} = \overline{CB}:\overline{AB}$

Konstruktion: Gegeben ist die Strecke $\overline{AB}$, gesucht ist der Punkt C, der die Strecke $\overline{AB}$ stetig teilt. Man konstruiert den Mittelpunkt M der Strecke $\overline{AB}$. Der Kreis um A durch M schneidet die Senkrechte in A im Punkt E. Der Kreis um E mit gleichem Radius schneidet die Strecke $\overline{EB}$ in D. Der Kreis um B durch D schneidet die Strecke $\overline{AB}$ im gesuchten Teilungspunkt C.

Winkel

Zwei Strahlen mit gleichem Endpunkt und unterschiedlicher Richtung bilden einen Winkel. Die Größe des Richtungsunterschiedes bestimmt die Größe des Winkels und wird in Grad gemessen. Der Endpunkt heißt **Scheitel** , die Strahlen heißen **Schenkel** des Winkels.

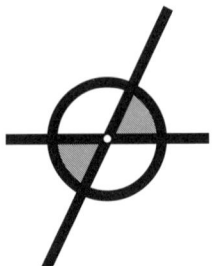

Winkelpaar

Zwei sich schneidende Geraden bilden zwei Winkelpaare. Die gegenüberliegenden Winkel sind gleich groß.

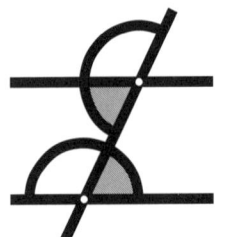

Wechselwinkel, Stufenwinkel

Schneidet eine Gerade zwei Parallelen, entstehen gleiche Winkelpaare: Wechselwinkel (grau) und Stufenwinkel (weiß).

Winkelhalbierende

Die Gerade, die durch den Scheitel eines Winkels verläuft und ihn halbiert, ist seine Winkelhalbierende.

Rechter Winkel
Ein Winkel, dessen Schenkel zueinander senkrecht sind,
heißt rechter Winkel. Seine Größe beträgt 90°.

Spitze Winkel
Winkel, die kleiner sind als 90°, heißen spitze Winkel.

Stumpfe Winkel
Winkel, die größer sind als 90°, heißen stumpfe Winkel.

Gestreckter Winkel
Der Winkel von 180° ist der gestreckte Winkel.

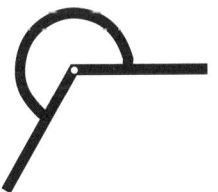

Überstumpfe Winkel
Winkel, die größer sind als 180°, heißen überstumpfe Winkel.

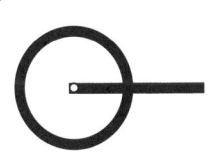

Vollwinkel
Der Winkel von 360° ist der Vollwinkel.

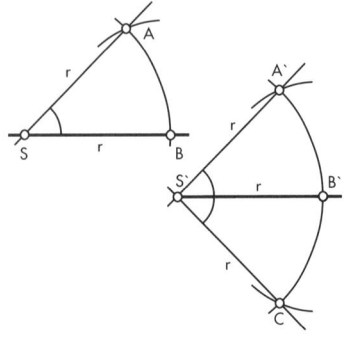

Übertragung eines Winkels

Gegeben sind ein Winkel mit dem Scheitel S und ein von S´ausgehender Strahl. Der Winkel ist nach S´zu übertragen. Dabei kann der Winkel auf beiden Seiten des Strahls liegen. Der Kreis um S mit beliebigem Radius r schneidet die Schenkel in A und B. Der Kreis um S´mit r schneidet den Strahl in B´. Der Kreis mit dem Radius $\overline{AB}$ um B´schneidet den Kreis um S´ in A´und C. Der Winkel ASB ist gleich den Winkeln A´S´B´und C S´B´.

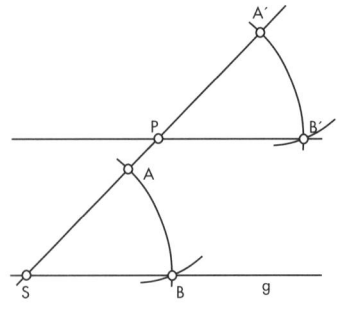

Parallele zu einer Gerade durch Stufenwinkelkonstruktion

Gegeben sind eine Gerade g und ein Punkt P außerhalb der Gerade. Gesucht ist die Parallele zu g durch P. Eine beliebige Gerade durch P schneidet die Gerade g in S. Die Kreise um P und S mit beliebigem Radius r schneiden die beiden Geraden in A, B und A´. Der Kreis um A´mit dem Radius $\overline{AB}$ schneidet den Kreis um P in B´. Die Gerade durch P und B´ist die gesuchte Parallele.

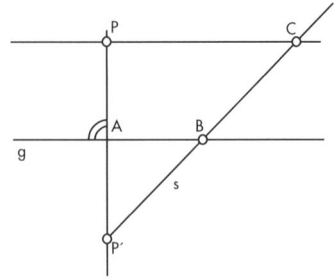

Parallele zu einer Geraden

Gegeben sind eine Gerade g und ein Punkt P außerhalb der Geraden. Gesucht ist die Parallele zu g durch P. Das Lot von P auf g schneidet die Gerade in A. Man verdoppelt die Strecke $\overline{PA}$ und erhält P´. Der beliebige Strahl s durch P´schneidet die gerade g in B. Der Kreis um B duch P und P´schneidet den Strahl s in C. Die Gerade durch P und C ist die gesuchte Parallele.

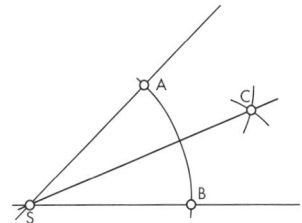

Halbierung eines Winkels

Gegeben ist ein Winkel mit dem Scheitel S.
Gesucht ist der Strahl, der den Winkel halbiert.
Der Kreis um S mit beliebigem Radius r schneidet
die beiden Schenkel in A und B. Die Kreise um A
und B mit gleichem Radius schneiden sich in C.
$\overline{SC}$ ist die gesuchte Winkelhalbierende.

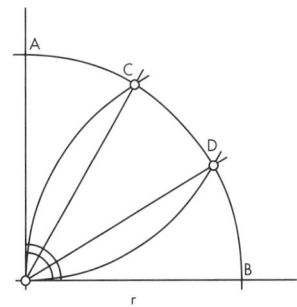

Dreiteilung des rechten Winkels

Gegeben ist ein rechter Winkel, gesucht ist seine
Dreiteilung. Der Kreis mit beliebigem Radius r um
den Scheitel S schneidet die beiden Schenkel in A
und B. Die Kreise mit r um A und B schneiden den
Kreis um S in D und C. $\overline{SC}$ und $\overline{SD}$ dritteln den Winkel.
Anmerkung: Nur der rechte Winkel und Winkel, die
sich aus ihm zusammensetzen, können geometrisch
konstruktiv, d.h. mit Zirkel und Lineal, gedrittelt werden.

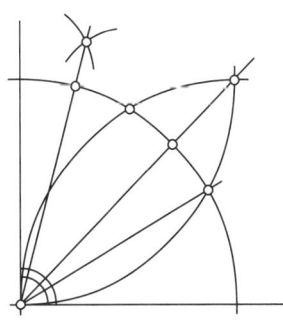

Konstruierbare Winkel

Durch fortlaufende Halbierung eines rechten Winkels
lassen sich folgende Winkel konstruieren:
45°, 22,5°, 11,25°, ...
Durch Dreiteilung eines rechten Winkels und weitere
Halbierung lassen sich folgende Winkel konstruieren:
60°, 30°, 15°, 7,5°, ...
(Weitere konstruierbare Winkel ergeben sich durch
die regelmäßigen Kreisteilungen.)

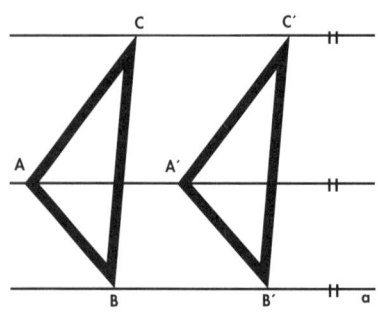

Ebene Abbildung

Durch ebene Abbildungen werden die Eigenschaften ebener Figuren, wie Form, Größe, Lage und Inhalt, verändert oder beibehalten. Bleiben bestimmte Eigenschaften des Originals, wie Längen von Strecken, Größe von Winkeln, Parallelität von Geraden und Inhalt von Flächen, erhalten, so spricht man von längen-, winkel-, parallelen- und flächentreuer Abbildung.

Schiebung

Die durch Schiebung zugeordneten Punkte liegen auf parallelen Strahlen. Zugeordnete Geraden sind parallel. Die Abbildung ist längen-, winkel- und flächentreu. Original und Abbild sind deckungsgleich.

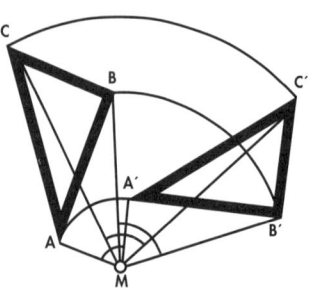

Drehung

Die durch Drehung zugeordneten Punkte liegen auf konzentrischen Kreisen. Die Drehwinkel für zugeordnete Punkte sind gleich groß. Die Abbildung ist längen-, winkel- und flächentreu. Original und Abbild sind deckungsgleich.

Spiegelung

Die durch Spiegelung zugeordneten Punkte haben gleichen Abstand von der Spiegelachse a und liegen auf parallelen Strahlen, die senkrecht zur Spiegelachse stehen. Zugeordnete Geraden schneiden sich auf der Achse a oder sind parallel zu ihr. Die Abbildung ist längen-, winkel-, und flächentreu. Original und Abbild sind gegensinnig deckungsgleich, d.h., die Reihenfolge der Bezeichnungen ABC, A´B´C ändert ihren Umlaufsinn.

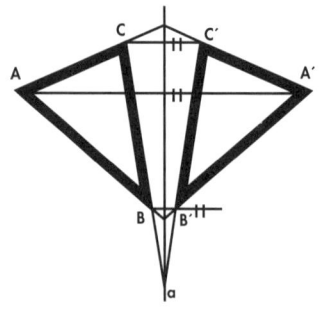

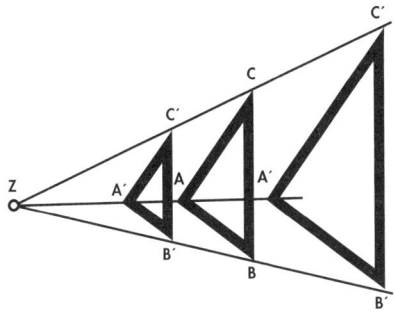

Streckung

Die durch Streckung zugeordneten Punkte liegen auf Strahlen mit gleichem Endpunkt Z. Zugeordnete Geraden sind zueinander parallel. Die Abbildung ist winkel- und parallelentreu. Original und Abbild sind "ähnlich".

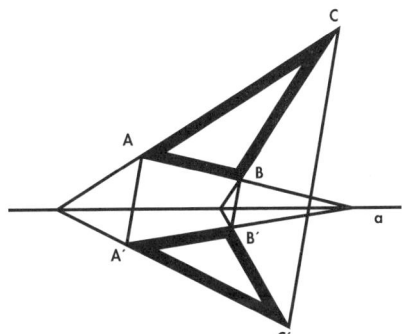

Affine Abbildung

Die durch affine Abbildung zugeordneten Punkte liegen auf parallelen Strahlen. Affin zugeordnete Geraden schneiden sich auf der Achse a oder sind parallel zu ihr. Original und Abbild sind zueinander affin.

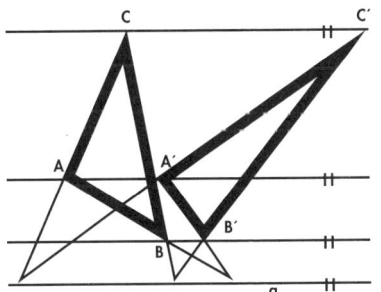

Scherung

Die durch Scherung zugeordneten Punkte liegen auf Strahlen, die parallel zur Achse a verlaufen. Zugeordnete Geraden schneiden sich auf der Achse a oder sind parallel zu ihr. Die Scherung ist eine flächentreue Abbildung. Original und Abbild sind zueinander affin.

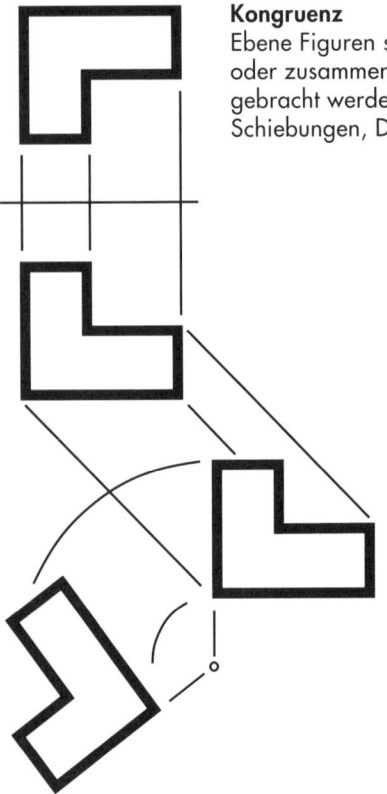

Kongruenz

Ebene Figuren sind dann kongruent, wenn sie durch einfache oder zusammengesetzte Bewegungen vollständig zur Deckung gebracht werden können. Diese Bewegungen sind Spiegelungen, Schiebungen, Drehungen, sowie deren Kombinationen.

Kreis

Kreisbegriffe: Definition, Mittelpunkt, Peripherie,
Radius, Umfang, Bogen, Sehne, Zentriwinkel,
Peripheriewinkel, Durchmesser, Halbkreis,
Sekante, Tangente, Normale: 24
Fläche, Segment, Sektor, Quadrant: 26
Kreissätze: Sehnensatz, Sekantensatz,
Tangentensatz, Tangentenviereck, Sehnenviereck,
Sehnen-Tangentenwinkel, Peripheriewinkelsatz,
Thalessatz: 27
Kreis durch drei Punkte, Mittelpunktbestimmung: 30
Tangentenkonstruktionen: 31
Anschlußkurven: 33
Kreisumfang (Rektifikation des Kreises) : 34
Regelmäßige Kreisteilungen: 35
Sehnenkonstruktion, Zentri-, Seiten-
und Basiswinkel: 38

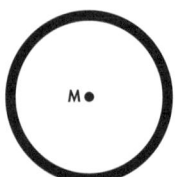

Kreis

Eine geschlossene Kurve, deren Punkte alle den gleichen Abstand von einem Festpunkt haben, ist ein Kreis. Dieser Festpunkt ist der **Mittelpunkt M** des Kreises. Die Kreislinie oder **Peripherie** trennt Kreisinneres und Kreisäußeres.

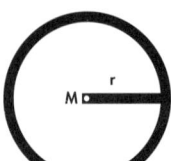

Radius

Der Abstand aller Kreispunkte vom Mittelpunkt M ist der Radius r.

Umfang

Die Länge der Peripherie ist der Kreisumfang U. Er läßt sich als Strecke darstellen. U = 2πr

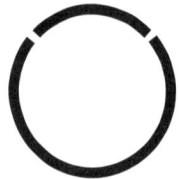

Bogen

Ein durch zwei Punkte begrenzter Teil der Peripherie ist ein Bogen. Jeder Bogen läßt sich durch einen zweiten zum Kreis ergänzen.

Sehne

Die Verbindungsstrecke der beiden Endpunkte eines Bogens ist eine Sehne.

Zentriwinkel

Der Winkel über einer Sehne, dessen Scheitel im Kreismittelpunkt M liegt, ist ein Zentriwinkel.

Peripheriewinkel

Die Winkel über einer Sehne, deren Scheitel auf der Peripherie liegen, heißen Peripheriewinkel.

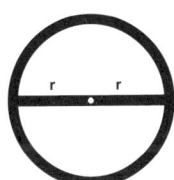

Durchmesser, Halbkreis

Eine Sehne, die durch den Kreismittelpunkt verläuft, ist ein Durchmesser. Seine Länge beträgt 2r. Er hat einen Zentriwinkel von 180° und einen Peripheriewinkel von 90°. (Thalessatz). Der Durchmesser teilt den Kreis in zwei Halbkreise. Jeder Bogen, dessen zugehörige Sehne ein Durchmesser ist, ist ein Halbkreis.

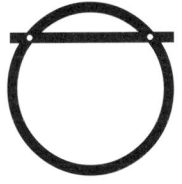

Sekante

Eine Gerade, die mit der Kreisperipherie zwei gemeinsame Punkte hat, ist eine Sekante.

Tangente, Normale

Eine Gerade, die mit der Kreisperipherie einen gemeinsamen Punkt hat, ist eine Tangente. Die Senkrechte in diesem Punkt, dem Berührpunkt, ist die Normale. Sie verläuft durch den Kreismittelpunkt M.

Fläche
Der durch die Kreisperipherie abgegrenzte Teil der Ebene ist die Kreisfläche. $F = \pi r^2$

Segment
Eine Sehne teilt die Kreisfläche in zwei Kreissegmente.

Sektor
Ein Zentriwinkel teilt die Kreisfläche in zwei Kreissektoren.

Quadrant
Ein Kreissektor mit rechtwinkligem Zentriwinkel ist ein Quadrant. Ein Kreis hat vier Quadranten.

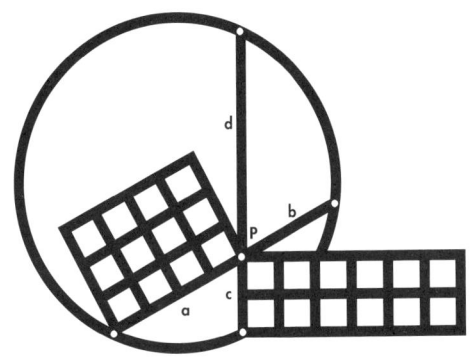

Sehnensatz

Durch den Schnittpunkt P zweier
Sehnen ergeben sich jeweils zwei
Sehnenabschnitte: a,b; c,d.
Die aus den Abschnitten gebildeten
Rechtecke haben gleichen
Flächeninhalt. ab = cd

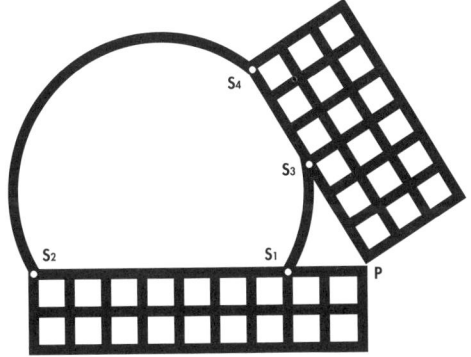

Sekantensatz

Schneiden sich zwei Sekanten
außerhalb des Kreises in P, so haben
die Rechtecke aus den Abständen
vom gemeinsamen Schnittpunkt P zu
den Sekantenschnittpunkten gleichen
Flächeninhalt. $\overline{PS_1}\,\overline{PS_2} = \overline{PS_3}\,\overline{PS_4}$

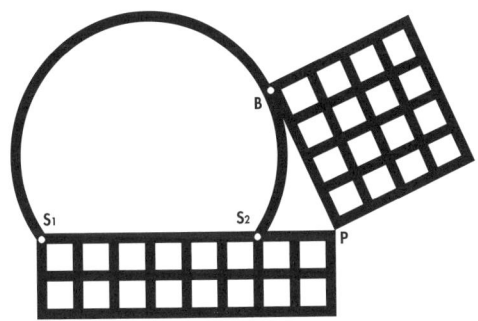

Tangentensatz

Schneiden sich eine Tangente
und eine Sekante des Kreises
in einem Punkt P, dann hat das
Rechteck aus den Abständen vom
gemeinsamen Schnittpunkt P zu den
Sekantenschnittpunkten S_1, S_2
den gleichen Flächeninhalt wie das
Quadrat über der Tangente mit der
Kantenlänge $\overline{PB}$. $\overline{PS_1}\,\overline{PS_2} = \overline{PB}^2$

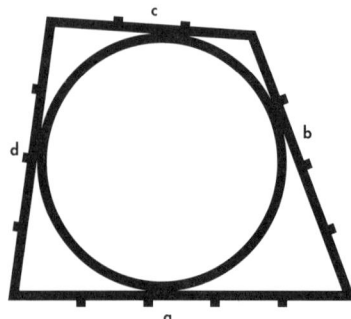

Tangentenviereck
Bilden vier Kreistangenten a,b,c,d ein
allgemeines Viereck, so sind die Summen
der gegenüberliegenden Seiten gleich groß.
a+c = b+d
Umkehrung: Sind die Summen der gegenüberliegenden Seiten eines Vierecks gleich groß,
so besitzt das Viereck einen einbeschriebenen
Kreis.

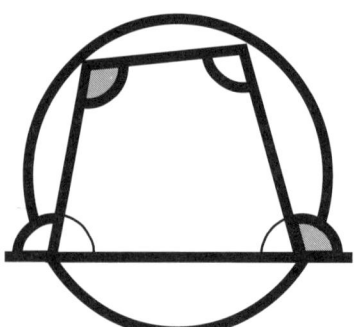

Sehnenviereck
Bilden vier Sehnen in einem Kreis ein Viereck,
dann sind die Summen der gegenüberliegenden
Winkel 180°.
Umkehrung: Sind die Summen gegenüberliegender Winkel in einem Viereck 180°, so besitzt
das Viereck einen umbeschriebenen Kreis.

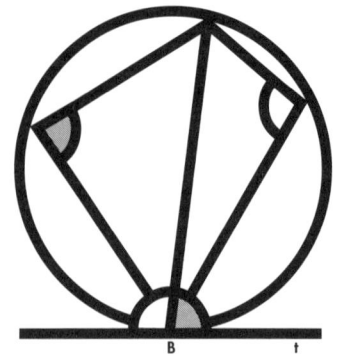

Sehnen-Tangentenwinkel
Ist der Endpunkt einer Sehne s der Berührpunkt B
einer Tangente t, dann sind die Winkel zwischen
Tangente und Sehne gleich groß den beiden
Peripheriewinkeln über der Sehne. Die Summe
der beiden Peripheriewinkel ist 180°.

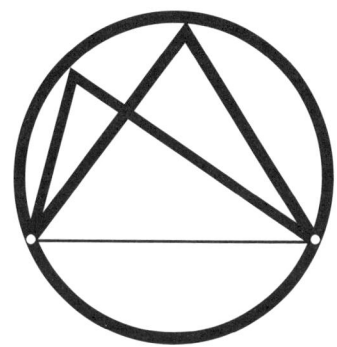

Peripheriewinkelsatz
Alle Peripheriewinkel über einer Sehne, deren Scheitel auf dem selben Bogen liegen, sind gleich groß.

Liegen die Peripheriewinkel über einer Sehne auf der Seite des Zentriwinkels, dann sind die Peripheriewinkel halb so groß wie der Zentriwinkel. Ist die Sehne ein Durchmesser, dann ist der Peripheriewinkel rechtwinklig.

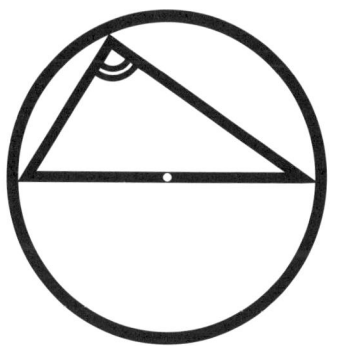

Thalessatz
Der Peripheriewinkel im Halbkreis ist rechtwinklig.

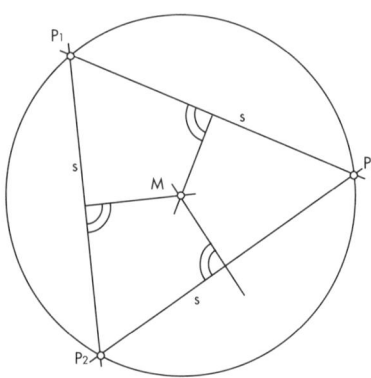

Kreis durch drei Punkte

Drei nicht kollineare Punkte bestimmen einen Kreis. Gegeben sind drei nicht kollineare Punkte P_1, P_2, P_3. Gesucht ist der Kreis, der durch diese Punkte verläuft. Die Mittelsenkrechten auf den Strecken $\overline{P_1P_2}$, $\overline{P_1P_3}$ und $\overline{P_2P_3}$ schneiden sich im Mittelpunkt M des gesuchten Kreises. Zur Konstruktion genügen zwei Mittelsenkrechten.

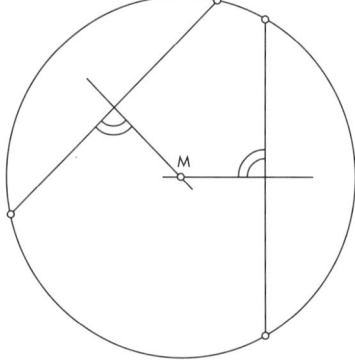

Mittelpunktbestimmung

Gegeben ist ein gezeichneter Kreis, gesucht ist der Mittelpunkt M des Kreises. Man zeichnet zwei beliebige Sehnen und errichtet auf ihnen die Mittelsenkrechten. Der Schnittpunkt der Mittelsenkrechten ist der gesuchte Kreismittelpunkt M.

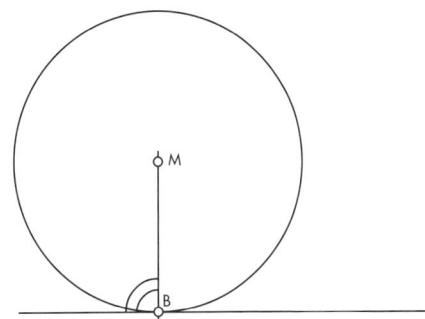

Tangente in B an Kreis
Gegeben sind ein Kreis mit Mittelpunkt
M und ein Punkt B auf seiner Peripherie.
Gesucht ist die Tangente, die den Kreis
in diesem Punkt berührt. Die Tangente ist
die zu $\overline{MB}$ senkrechte Gerade durch B.

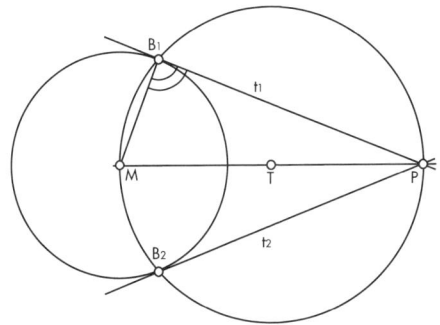

Tangenten von P an Kreis
Gegeben sind ein Kreis mit Mittelpunkt M
und ein Punkt P außerhalb des Kreises.
Gesucht sind die Berührpunkte B_1, B_2 der
beiden Tangenten t_1, t_2. Der Mittelpunkt T
der Strecke $\overline{MP}$ ist der Mittelpunkt des
Thaleskreises durch M und P. Die Schnittpunkte der beiden Kreise sind die gesuchten
Berührpunkte B_1 und B_2.

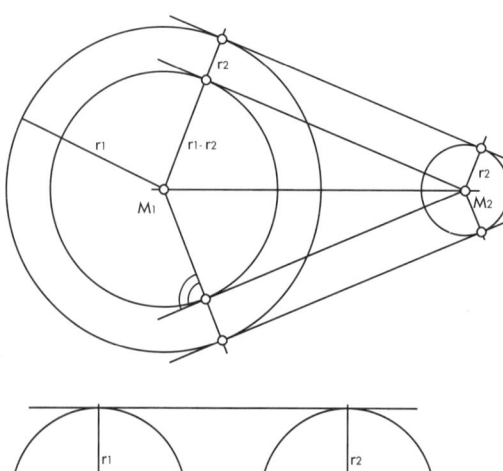

Gemeinsame Außentangenten zweier Kreise

Gegeben sind zwei nicht ineinanderliegende Kreise mit den Radien r_1 und r_2. Gesucht sind die Berührpunkte der gemeinsamen Außentangenten. Man schlägt um den Mittelpunkt M_1 den Kreis, dessen Radius die Differenz $r_1 - r_2$ der beiden gegebenen Radien ist. An diesen Kreis konstruiert man vom Mittelpunkt M_2 die Tangenten. Die gesuchten Außentangenten sind zu diesen parallel. Ihre Berührpunkte liegen auf gemeinsamen Normalen. Sonderfall: Sind die Radien r_1 und r_2 gleich groß, so verlaufen die gemeinsamen Außentangenten parallel zur Geraden M_1M_2.

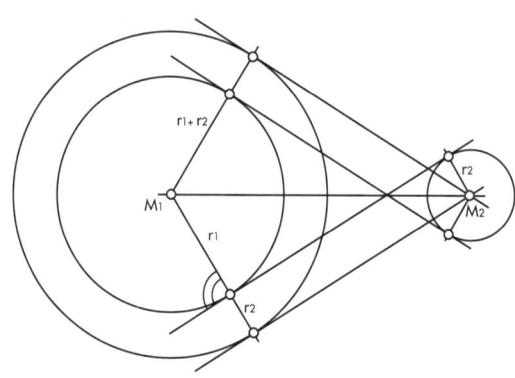

Gemeinsame Innentangenten zweier Kreise

Gegeben sind zwei sich nicht schneidende Kreise mit den Radien r_1, r_2. Gesucht sind die Berührpunkte der gemeinsamen Innentangenten. Man schlägt um den Mittelpunkt M_1 den Kreis, dessen Radius die Summe $r_1 + r_2$ der beiden gegebenen Radien ist. An diesen Kreis konstruiert man vom Mittelpunkt M_2 die Tangenten. Die gesuchten Innentangenten sind zu diesen parallel. Ihre Berührpunkte liegen auf gemeinsamen Normalen.

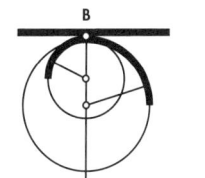

Tangentialer Übergang
Berühren sich zwei Kurvenstücke in einem Punkt B,
dann haben sie in B dieselbe Tangente und gehen
tangential ineinander über.

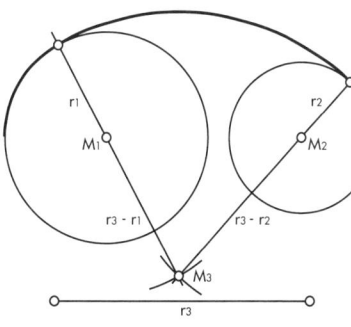

Anschlußkurven
Gegeben sind zwei Kreise mit den Radien r1 und
r2, den Mittelpunkten M1, M2 und der Radius r3
eines dritten Kreises.
1.Gesucht ist der Mittelpunkt M3 des Kreises, der
mit den gegebenen Kreisen konvexe tangentiale
Übergänge hat. Um den Mittelpunkt M1 schlägt
man einen Kreis mit dem Radius r3 - r1 und um
M2 einen Kreis mit dem Radius r3 - r2. Der Schnitt-
punkt dieser beiden Kreise ist der gesuchte
Mittelpunkt M3. Die Schnittpunkte der gegebenen
Kreise und den Strahlen durch M1,M3 und M2,M3
sind die Punkte mit tangentialem Übergang.

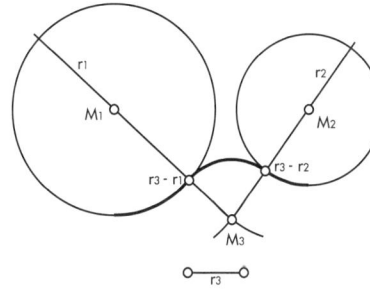

2. Gesucht ist der Mittelpunkt M3 des Kreises, der
mit den gegebenen Kreisen konkave tangentiale
Übergänge hat. Um den Mittelpunkt M1 schlägt
man den Kreis mit dem Radius r1 + r3 und um M2
den Kreis mit dem Radius r2 + r3. Der Schnittpunkt
dieser beiden Kreise ist der gesuchte Mittelpunkt
M3. Die Schnittpunkte der Strahlen durch M1,M3
und M2,M3 mit den gegebenen Kreisen sind die
Punkte mit tangentialem Übergang.

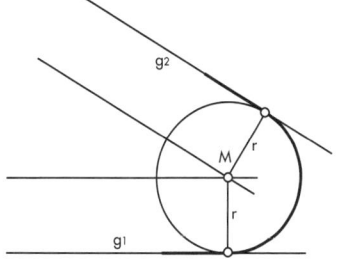

Gegeben sind zwei nicht parallele Geraden g1 und
g2 und der Radius r eines Kreises. Gesucht ist der
Mittelpunkt des Kreises mit dem Radius r, der mit
den beiden Geraden tangentialen Übergang hat.
Man zeichnet zu den Geraden je eine Parallele im
Abstand r. Der Schnittpunkt der Parallelen ist der
gesuchte Mittelpunkt M. Die Punkte mit tangen-
tialem Übergang sind die Fußpunkte der Lote von
M auf die Geraden.

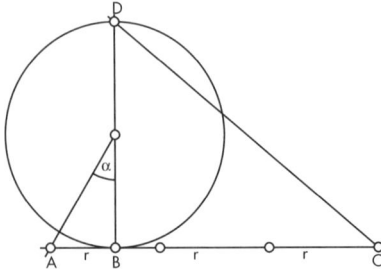

Nach Kochansky (Näherung)

Gegeben ist ein Kreis mit dem Radius r, gesucht ist der halbe Kreisumfang. Man zeichnet einen Durchmesser mit den Endpunkten B, D. In B konstruiert man die Tangente und in M einen Zentriwinkel α von 30°, dessen freier Schenkel die Tangente in A schneidet. Von A aus trägt man auf der Tangente in Richtung B dreimal den Radius r ab Der Endpunkt dieser Strecke ist C. Die Strecke $\overline{CD}$ ist eine gute Näherung des halben Kreisumfanges.

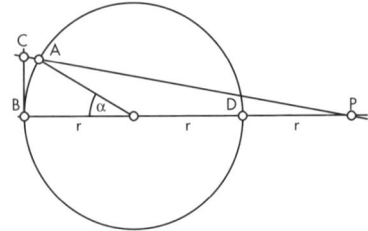

Nach Cusanus (Näherung)

Gegeben ist ein Kreis, gesucht ist die Bogenlänge eines Zentriwinkels von 30°. Man zeichnet einen Durchmesser mit den Endpunkten B, D und konstruiert einen Zentriwinkel von 30° mit dem dazugehörigen Bogen AB. Von B aus verlängert man den Durchmesser auf 3r. Der Endpunkt dieser Strecke ist P. Die Verbindungsgerade PA schneidet die Tangente in B im Punkt C. Die Strecke $\overline{BC}$ ist eine gute Näherung der Bogenlänge AB. Sie entspricht einem Zwölftel des Kreisumfanges.
Anmerkung: Diese Konstruktion erlaubt näherungsweise die Ermittlung der Bogenlänge zu beliebigen Zentriwinkeln. Dabei ist die Näherung um so genauer, je kleiner der Zentriwinkel ist.

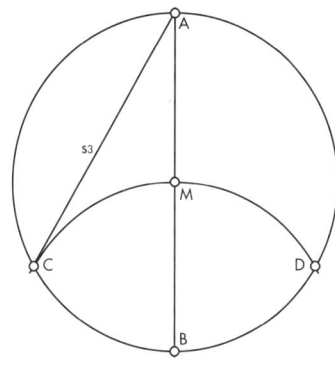

Kreisteilungen

Gegeben ist ein Kreis mit dem Mittelpunkt M und dem Radius r. Gesucht sind die Punkte, die den Kreis in gleiche Bögen teilen. Dabei sind die Sehnen s_3, s_4, ... die Seiten der einbeschriebenen regelmäßigen Vielecke mit der Seitenzahl 3, 4, ...

Dreiteilung

Man zeichnet einen Durchmesser $\overline{AB}$ und schlägt um B den Kreis durch M. Die Schnittpunkte C und D ergeben zusammen mit dem Endpunkt A des Durchmessers die regelmäßige Dreiteilung.

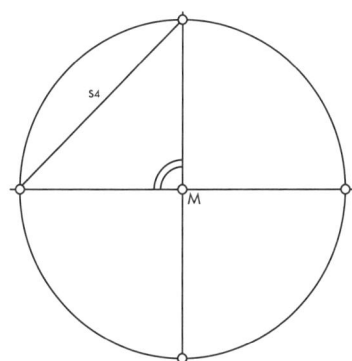

Vierteilung

Man zeichnet zwei senkrecht aufeinanderstehende Durchmesser, deren Endpunkte die regelmäßige Vierteilung ergeben.

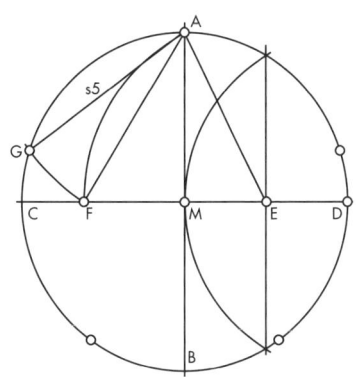

Fünfteilung

Man zeichnet zwei senkrecht aufeinanderstehende Durchmesser $\overline{AB}$ und $\overline{CD}$. Man halbiert die Strecke $\overline{MD}$ und erhält den Punkt E. Der Kreis um E durch A schneidet den Durchmesser $\overline{CD}$ in F. Der Kreis um A durch F schneidet die Peripherie in G. Der Bogen AG ist ein Fünftel der Peripherie.

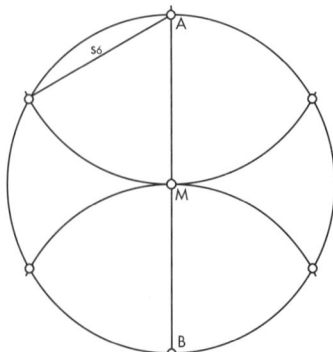

Sechsteilung

Man zeichnet einen Durchmesser $\overline{AB}$ und schlägt um A und B die Kreise durch M. Die Schnittpunkte der drei Kreise ergeben zusammen mit A und B die regelmäßige Sechsteilung.

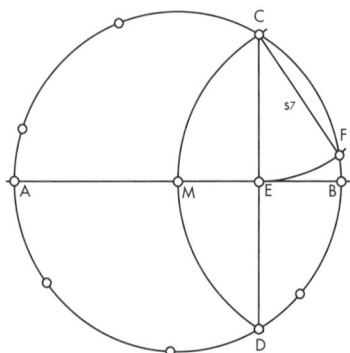

Siebenteilung (Näherung)

Man zeichnet einen Durchmesser $\overline{AB}$. Der Kreis um B durch M schneidet den gegebenen Kreis in C und D. Die Gerade $\overline{CD}$ schneidet den Durchmesser in E. Der Kreis um C durch E schneidet den gegebenen Kreis in F. Der Bogen CF ist angenähert ein Siebentel der Peripherie.

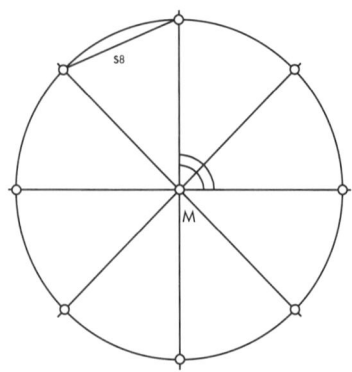

Achtteilung

Man zeichnet zwei senkrecht aufeinanderstehende Durchmesser. Die Schnittpunkte der Winkelhalbierenden mit dem Kreis ergeben zusammen mit den Endpunkten der Durchmesser die regelmäßige Achtteilung.

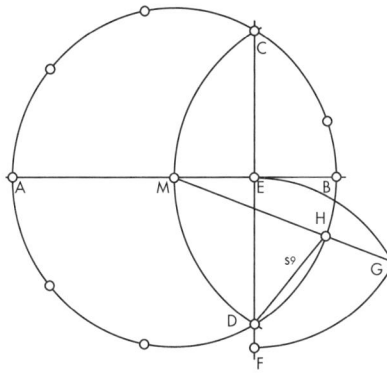

Neunteilung (Näherung)

Man zeichnet den Durchmesser $\overline{AB}$. Der Kreis um B durch M schneidet den gegebenen Kreis in C und D. Die Gerade $\overline{CD}$ schneidet den Durchmesser $\overline{AB}$ in E. Der Kreis um E mit dem Radius r= $\overline{MB}$ schneidet die Gerade $\overline{CD}$ in F. Die Kreise mit dem Radius r= $\overline{MB}$ um E und F schneiden sich in G. Die Verbindungsgerade MG schneidet den gegebenen Kreis in H. Der Bogen HD ist angenähert ein Neuntel der Peripherie.

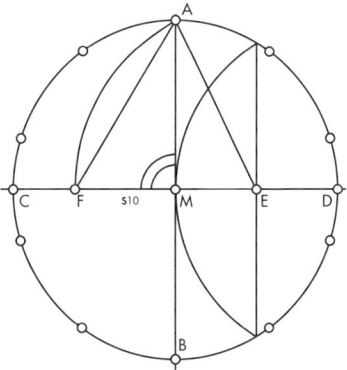

Zehnteilung

Man konstruiert die Fünfteilung. Die sich ergebende Strecke $\overline{FM}$ ist die Sehnenlänge einer Zehnteilung.

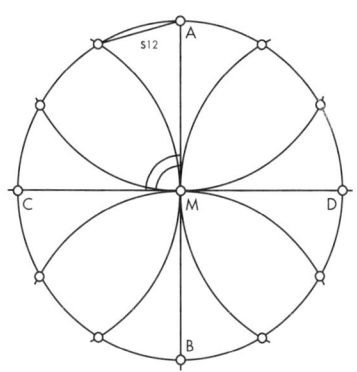

Zwölfteilung

Man zeichnet zwei senkrecht aufeinander-stehende Durchmesser $\overline{AB}$ und $\overline{CD}$. Um A,B,C und D werden Kreise durch M geschlagen. Die Schnittpunkte der fünf Kreise ergeben zusammen mit den Endpunkten der beiden Durchmesser die regelmäßige Zwölfteilung.

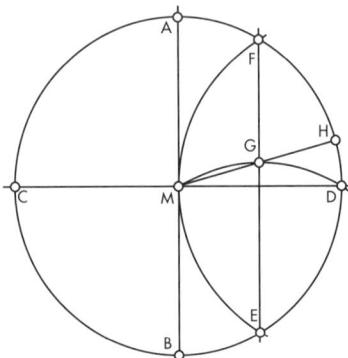

Sehnenkonstruktion nach Leonardo da Vinci

Man zeichnet zwei senkrecht aufeinander stehende Durchmesser $\overline{AB}$, $\overline{CD}$. Der Kreis um D durch M schneidet den gegebenen Kreis in E und F. Der Kreis um E durch M und D schneidet die Gerade $\overline{EF}$ in G. Der Radius durch G schneidet den gegebenen Kreis in H. Nun gilt: $\overline{EF}=s_3$, $\overline{BC}=s_4$, $\overline{DF}=s_6$, $\overline{FH}=s_8$, $\overline{AF}=s_{12}$, $\overline{DH}=s_{24}$.

Ermittlung von Zentri-, Seiten und Basiswinkeln

Der Zentriwinkel regelmäßiger Polygone ergibt sich, wenn man den Vollwinkel durch die Anzahl n der Seiten dividiert. $\alpha = \dfrac{360°}{n}$

Der Seitenwinkel ergibt sich, wenn man vom gestreckten Winkel den Zentriwinkel subtrahiert.
$\beta = 180 - \alpha$
Der Basiswinkel ist halb so groß wie der Seitenwinkel.

$\gamma = \dfrac{\beta}{2}$

Dreiecksbegriffe: Definition, Ecken, Seiten, Winkel, Innen-
winkel, Außenwinkel, Höhen, Fläche, Seitenhalbierende,
Schwerpunkt, Winkelhalbierende, Inkreis, Mittelsenkrechte,
Umkreis, Außenwinkelhalbierende, Ankreise: 40
Projektionssatz: 42
Spezielle Dreiecke: Spitzwinkligkeit, Stumpfwinkligkeit,
gleichschenkliges Dreieck, gleichseitiges Dreieck,
rechtwinkliges Dreieck: 43
Sätze am rechtwinkligen Dreieck: Pythagorassatz,
pythagoräische Zahlen, allgemeiner Pythagorassatz,
Monde des Hippokrates, Kathetensatz (Satz des Euklid),
Höhensatz, Quadratur des Rechtecks: 46

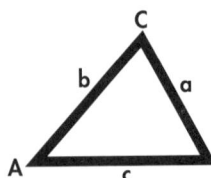

Dreieck
Drei nicht kollineare Punkte bestimmen ein allgemeines Dreieck. Sie sind die **Ecken** und werden mit A,B,C benannt. Die Verbindungsstrecken der drei Ecken sind die **Seiten**. Sie trennen Inneres und Äußeres und werden entsprechend den gegenüberliegenden Ecken mit a,b,c benannt.

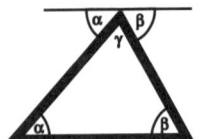

Innenwinkelsumme
Die den Ecken zugehörigen Winkel werden mit α, β, γ benannt. Ihre Summe beträgt 180°(Wechselwinkel).

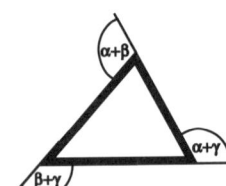

Außenwinkelsumme
Die durch die verlängerten Seiten mit den anliegenden Seiten gebildeten Winkel sind die Außenwinkel. Ihre Summe beträgt 360°.

Höhen
Das Lot von einer Ecke auf die gegenüberliegende Seite heißt Höhe. Ein Dreieck hat drei Höhen, die sich in einem Punkt schneiden.

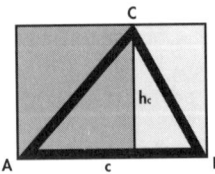

Fläche
Das Dreiecksinnere ist die Dreiecksfläche. Der Flächeninhalt F ist die Hälfte des Produktes aus Grundlinie und Höhe.
$F = \dfrac{c \, h_c}{2}$ (siehe Scherung)

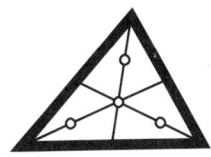

Seitenhalbierende, Schwerpunkt

Die Verbindungsstrecke von einer Ecke zum Mittelpunkt der gegenüberliegenden Seite ist eine Seitenhalbierende. Die drei Seitenhalbierenden schneiden sich in einem Punkt, dem Schwerpunkt. Der Schwerpunkt teilt die Seitenhalbierenden im Verhältnis 1 : 2.

Winkelhalbierende, Inkreis

Die Winkelhalbierenden der Innenwinkel schneiden sich in einem Punkt. Dieser ist der Mittelpunkt des einbeschriebenen Kreises (Inkreis).

Mittelsenkrechte, Umkreis

Die Mittelsenkrechten der Seiten schneiden sich in einem Punkt. Dieser ist der Mittelpunkt des umbeschriebenen Kreises (Umkreis).

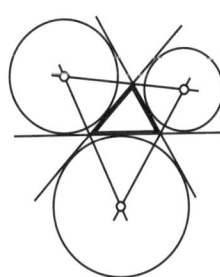

Außenwinkelhalbierende, Ankreise

Die Schnittpunkte der drei Außenwinkelhalbierenden sind die Mittelpunkte der drei anbeschriebenen Kreise (Ankreise).

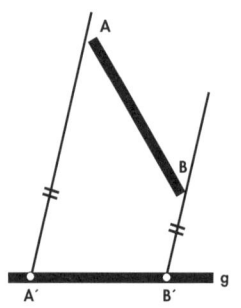

Projektion
Werden die Endpunkte einer Strecke A und B
durch parallele Strahlen auf die Punkte A´und B
einer Geraden abgebildet, dann nennt man die
Strecke $\overline{A´B´}$ die Projektion der Strecke $\overline{AB}$
auf die Gerade g.

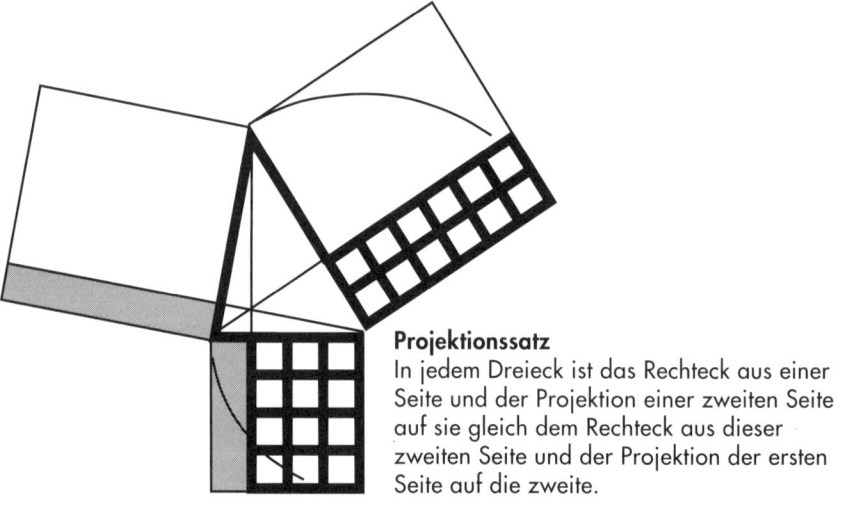

Projektionssatz
In jedem Dreieck ist das Rechteck aus einer
Seite und der Projektion einer zweiten Seite
auf sie gleich dem Rechteck aus dieser
zweiten Seite und der Projektion der ersten
Seite auf die zweite.

Spitzwinkliges Dreieck

Sind alle Winkel eines allgemeinen Dreiecks kleiner als 90°, dann ist das Dreieck spitzwinklig.

Stumpfwinkliges Dreieck

Ist ein Winkel eines allgemeinen Dreiecks größer als 90°, dann ist das Dreieck stumpfwinklig.

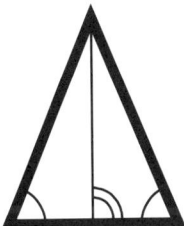

Gleichschenkliges Dreieck

Ein Dreieck mit zwei gleichen Seiten (Schenkeln) heißt gleichschenkliges Dreieck. Die dritte Seite ist die Basis. Die der Basis anliegenden Winkel sind die Basiswinkel. Sie sind gleich groß. Die Mittelsenkrechte auf der Basis ist zugleich Seitenhalbierende, Höhe und Winkelhalbierende des Winkels, der der Basis gegenüberliegt.

Gleichseitiges Dreieck

Ein Dreieck mit drei gleichen Seiten ist ein gleichseitiges Dreieck. Die Winkel sind gleich und betragen 60°. Im gleichseitigen Dreieck fallen die Höhen mit den Mittelsenkrechten, den Winkelhalbierenden und den Seitenhalbierenden zusammen. Der Schwerpunkt ist zugleich In- und Umkreismittelpunkt.

Rechtwinkliges Dreieck

Ein Dreieck mit einem rechten Winkel ist ein rechtwinkliges Dreieck. Die dem rechten Winkel anliegenden Seiten sind Höhen und heißen Katheten. Alle Höhen schneiden sich im Scheitel des rechten Winkels. Die dem rechten Winkel gegenüberliegende Seite heißt Hypotenuse. Sie ist die längste Seite und ein Durchmesser des Umkreises.

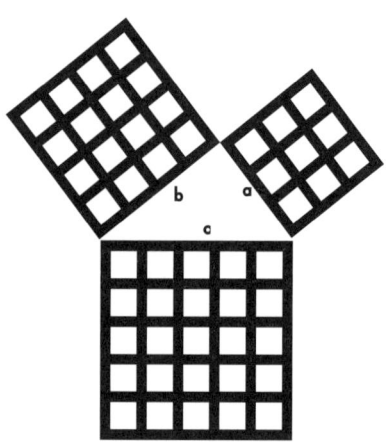

Satz des Pythagoras

Die Summe der Quadrate über den Katheten
ist gleich dem Quadrat über der Hypotenuse.
$a^2 + b^2 = c^2$

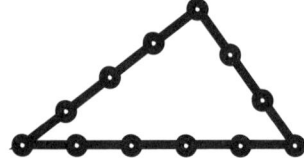

Knotenschnur

Das Zahlentripel 3, 4 und 5 gehört zu den
pythagoräischen Zahlen. Aus drei Strecken
mit diesen Längen läßt sich ein rechter
Winkel bilden.

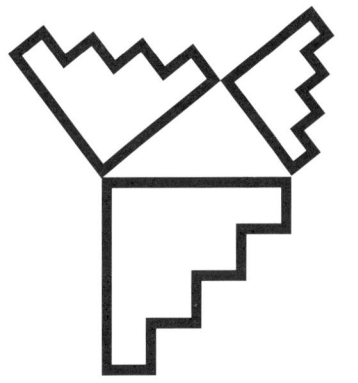

Allgemeiner Pythagoras

Die Summe der Flächeninhalte über den Katheten ist gleich dem Flächeninhalt über der Hypotenuse. Die Flächen, deren Größe durch Katheten und Hypotenuse bestimmt werden, können beliebige Form haben, vorausgesetzt, sie sind einander "ähnlich".

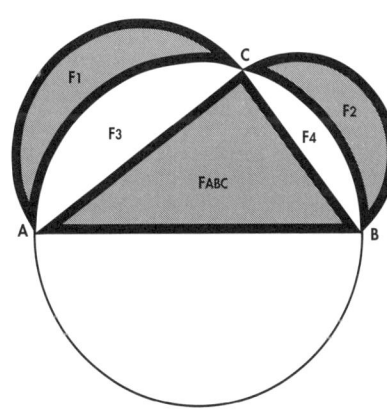

Monde des Hippokrates

Sind die Flächen über den Dreieckseiten Halbkreise, dann ist der Flächeninhalt des Dreiecks F_{ABC} gleich der Summe der beiden sichelförmigen Restflächen $F_1 + F_2$. Da die Halbkreise ähnliche Figuren sind, ist die Summe der Flächeninhalte der Halbkreise über den Katheten gleich dem Flächeninhalt des Halbkreises über der Hypotenuse. Die Dreiecksfläche F_{ABC} und die Teilflächen F_3 und F_4 sind gleich der Summe der Flächeninhalte der Halbkreise über den Katheten. Folglich ist die Summe der sichelförmigen Restflächen $F_1 + F_2$ gleich der Dreiecksfläche F_{ABC}.

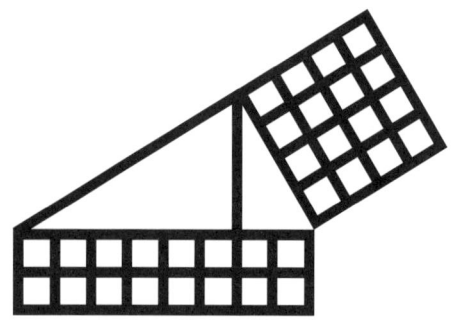

Kathetensatz (Satz des Euklid)
Die Höhe teilt die Hypotenuse in zwei
Abschnitte. Das Rechteck aus Hypotenuse und einem ihrer Abschnitte ist
flächengleich dem Quadrat über der
dem Abschnitt anliegenden Kathete.

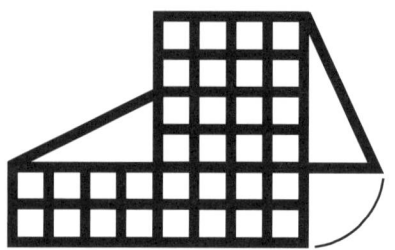

Höhensatz
Die Höhe teilt die Hypotenuse in zwei
Abschnitte. Das aus diesen Abschnitten
gebildete Rechteck ist flächengleich dem
Quadrat über der Höhe.

Mithilfe des Katheten- und Höhensatzes
lassen sich Rechtecke in flächengleiche
Quadrate umwandeln und umgekehrt.

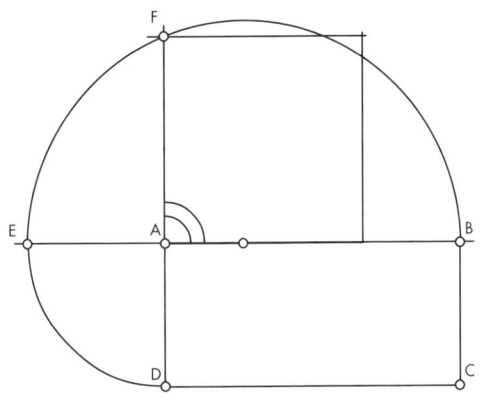

**Umwandlung eines Rechtecks
in ein flächengleiches Quadrat**
Gegeben ist ein beliebiges Rechteck
ABCD. Gesucht ist die Seitenlänge eines
flächengleichen Quadrats. Man ver-
längert die Rechteckseite $\overline{BA}$ um $\overline{AD}$ und
erhält den Punkt E. Der Thaleskreis über
der Strecke $\overline{BE}$ schneidet die Senkrechte
in A im Punkt F. Die Strecke $\overline{AF}$ ist die
gesuchte Quadratseite.

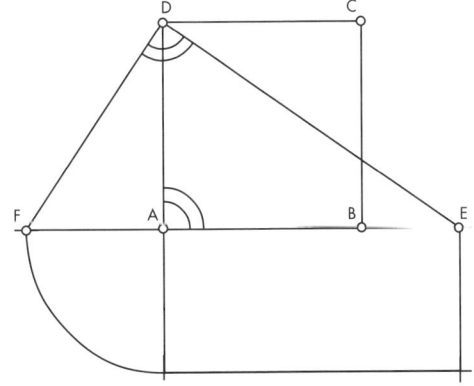

**Umwandlung eines Quadrats
in ein flächengleiches Rechteck**
Gegeben sind ein Quadrat ABCD und
eine Seite $\overline{AE}$. Gesucht ist die zweite
Rechteckseite eines flächengleichen
Rechtecks. Man verlängert die Quadratseite $\overline{AB}$ und trägt von A aus die gegebene Rechteckseite $\overline{AE}$ an. Zur Strecke
$\overline{ED}$ errichtet man die Senkrechte in D,
die die Verlängerung von $\overline{AB}$ in F schneidet. $\overline{AF}$ ist die gesuchte Rechteckseite.

Viereck 49 □

Vierecksbegriffe: Definition, Seiten, Winkelsumme, Diagonalen,
konvex/konkav, Fläche, Inkreis, Umkreis, Ankreise: 50
Spezielle Vierecke: Trapez, gleichschenkliges Trapez, Deltoid
Parallelogramm (Rhomboid), Raute (Rhombus), Rechteck, Quadrat: 52
Spezielle Rechtecke, DIN- Formate: 54
Achteck im Quadrat: 56

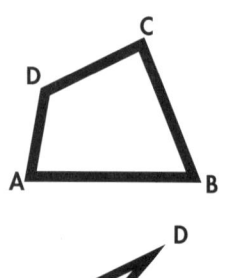

Viereck

Vier Punkte, von denen je drei nicht kollinear sind, bestimmen ein Viereck. Sie werden mit ABCD bezeichnet und sind die **Ecken** des Vierecks. Die Strecken $\overline{AB}$, $\overline{BC}$, $\overline{CD}$ und $\overline{DA}$ sind die **Seiten** des Vierecks. Haben zwei nicht aufeinanderfolgende Seiten einen Schnittpunkt, so heißt das Viereck überschlagen. Ein nicht überschlagenes Viereck besitzt ein Inneres und damit einen Flächeninhalt.

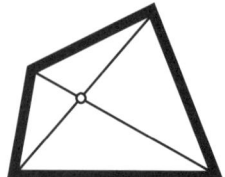

Diagonalen, Konvexes Viereck

Die Verbindungsstrecken zweier nicht benachbarter Ecken heißen Diagonalen. Liegen beide Diagonalen im Inneren des Vierecks, dann heißt dieses konvex. Jede Diagonale eines konvexen Vierecks teilt dieses in zwei Dreiecke.

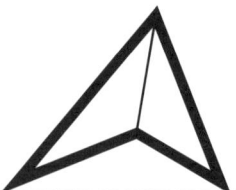

Konkaves Viereck

Liegt eine Diagonale nicht im Innern des Vierecks, dann heißt dieses konkav. Die innere Diagonale teilt das konkave Viereck in zwei Dreiecke.

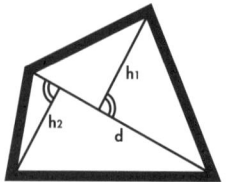

Fläche

Das Viereckinnere ist die Fläche. Da eine innere Diagonale das Viereck in zwei Dreiecke teilt, ist die Fläche gleich der Summe der beiden Dreiecksflächen. $F = \dfrac{d \, (h_1 + h_2)}{2}$

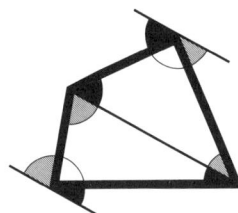

Winkelsumme

Da eine innere Diagonale das Viereck in zwei Dreiecke teilt, beträgt die Winkelsumme 360°
(zweifache Winkelsumme des Dreiecks).

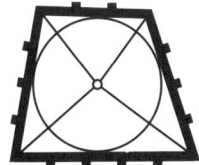

Inkreis

Alle konvexen Vierecke, bei denen die Summen der Längen gegenüberliegender Seiten gleich sind, besitzen einen einbeschriebenen Kreis (Inkreis). Der Schnittpunkt der Winkelhalbierenden ist der Mittelpunkt des Inkreises
(siehe Tangentenviereck S. 26).

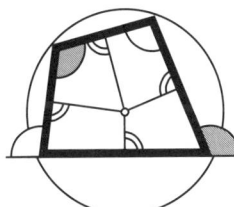

Umkreis

Alle konvexen Vierecke, bei denen die Summe gegenüberliegender Winkel 180° beträgt, besitzen einen umbeschriebenen Kreis (Umkreis). Der Schnittpunkt der Mittelsenkrechten ist der Mittelpunkt des Umkreises (siehe Sehnenviereck S.26).

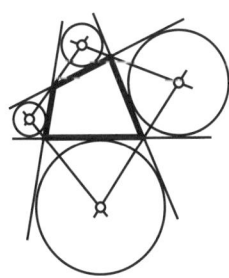

Ankreise

Alle konvexen Vierecke besitzen vier Ankreise. Die Schnittpunkte der Außenwinkelhalbierenden sind ihre Mittelpunkte.

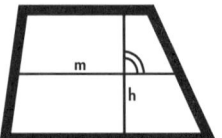

Trapez

Ein allgemeines Trapez hat zwei parallele, aber ungleiche Seiten. Der Abstand der parallelen Seiten heißt Höhe h. Sie wird von der Mittelparallelen m halbiert und verläuft senkrecht zu ihr. Der Flächeninhalt des Trapezes ist das Produkt aus Mittelparallele und Höhe. F= mh

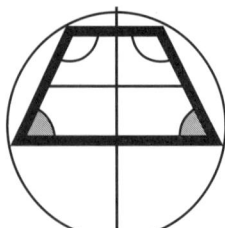

Gleichschenkliges Trapez

Ein gleichschenkliges Trapez hat zwei parallele Seiten und zwei Schenkel gleicher Länge. Seine Winkel sind paarweise gleich. Zwei ungleiche Winkel ergänzen sich zu 180°. Es besitzt eine Spiegelachse und einen Umkreis.

Konvexes Deltoid (Drachenviereck)

Ein konvexes Deltoid hat zwei Paare anliegender Seiten gleicher Länge. Die Summen der Längen gegenüberliegender Seiten sind gleich. Die Diagonalen schneiden sich rechtwinklig. Die längere Diagonale ist zugleich Spiegelachse und halbiert die kürzere Diagonale. Das Deltoid hat einen Inkreis.

Konkaves Deltoid

Beim konkaven Deltoid liegt der Schnittpunkt der Diagonalen außerhalb seiner Fläche.

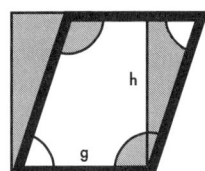

Parallelogramm (Rhomboid)

Ein Parallelogramm hat zwei Paare paralleler Seiten. Je zwei parallele Seiten sind gleich lang. Gegenüberliegende Winkel sind gleich groß, zwei benachbarte Winkel ergänzen sich zu 180°. Die Diagonalen halbieren einander. Der Flächeninhalt ist das Produkt aus Grundlinie und Höhe. $F = gh$

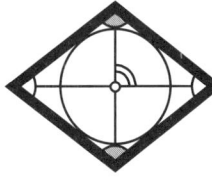

Raute (Rhombus)

Eine Raute besitzt vier gleiche, paarweise parallele Seiten. Die gegenüberliegenden Winkel sind gleich groß. Benachbarte Winkel ergänzen sich zu 180°. Die Diagonalen sind Spiegelachsen, halbieren einander und schneiden sich rechtwinklig. Der Diagonalenschnittpunkt ist der Mittelpunkt des Inkreises. $F = \dfrac{d_1 d_2}{2}$

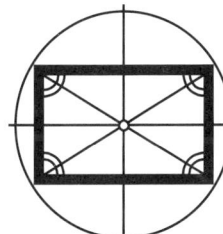

Rechteck

Das Rechteck besitzt vier rechte Winkel und zwei Paare paralleler Seiten. Je zwei parallele Seiten sind gleich lang. Die Diagonalen sind gleich lang und halbieren einander. Ihr Schnittpunkt ist der Mittelpunkt des Umkreises. Das Rechteck besitzt zwei Spiegelachsen. $F = ab$

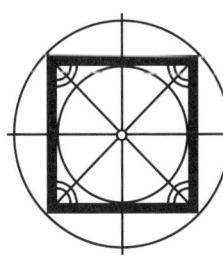

Quadrat

Das Quadrat besitzt vier rechte Winkel, vier gleichlange Seiten und zwei gleichlange Diagonalen. Die Diagonalen halbieren einander und schneiden sich rechtwinklig. Ihr Schnittpunkt ist der Mittelpunkt des In- und Umkreises. Das Quadrat besitzt vier Spiegelachsen. $F = a^2$

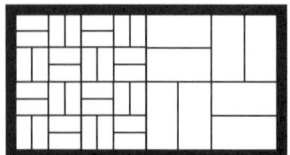

1:2 - Rechteck
Das Rechteck mit dem Seitenverhältnis 1:2 besteht aus zwei Quadraten. Es läßt sich auf besonders viele verschiedene Arten in der Ebene aneinanderlegen. (Domino)

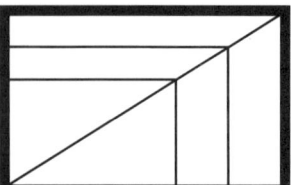

Goldenes Rechteck
Die Seiten des goldenen Rechtecks haben das Verhältnis des goldenen Schnitts (siehe stetige Teilung).

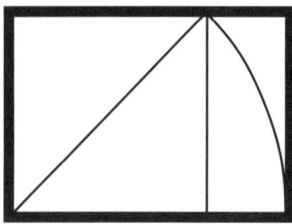

√2 - Rechteck
Das Rechteck aus einer Quadratseite und einer Quadratdiagonalen ergibt das √2 - Rechteck. (DIN - Rechteck)

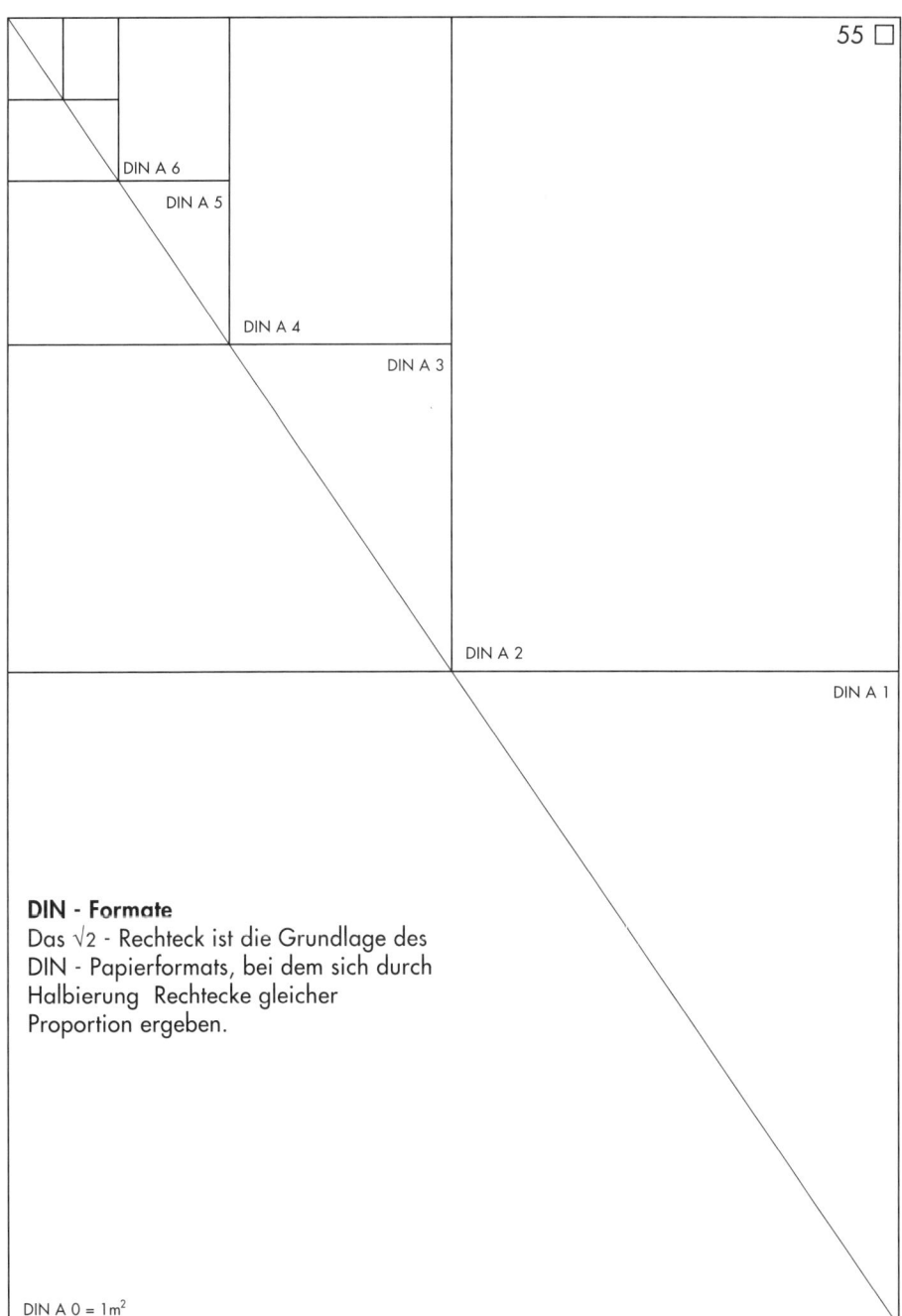

DIN A 6

DIN A 5

DIN A 4

DIN A 3

DIN A 2

DIN A 1

DIN - Formate
Das √2 - Rechteck ist die Grundlage des
DIN - Papierformats, bei dem sich durch
Halbierung Rechtecke gleicher
Proportion ergeben.

DIN A 0 = 1m^2

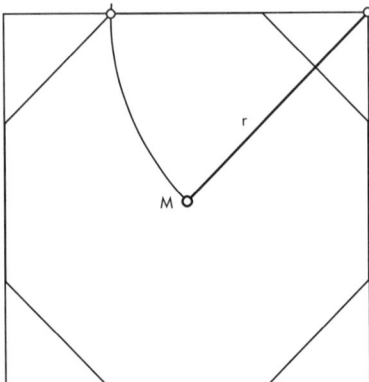

Achteck im Quadrat

Gegeben ist ein Quadrat. Gesucht ist das regelmäßige Achteck, von dem vier Seiten auf den Quadratseiten liegen. Die Kreise durch M um die vier Ecken des Quadrats schneiden die Seiten in acht Punkten. Dies sind die Eckpunkte des gesuchten Achtecks.

Polygone

Konstruktion regelmäßiger Vielecke bei vorgegebener Seitenlänge:
Dreieck, Quadrat, Fünfeck, Sechseck, Siebeneck: 58
Achteck, Zwölfeck: 60
Zentrische Streckung: 61

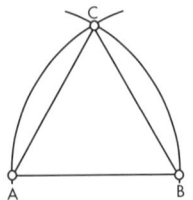

Dreieck
Man schlägt um die Endpunkte A und B zwei Kreise mit dem Radius $\overline{AB}$, die sich in C schneiden. A, B und C sind die Ecken des regelmäßigen Dreiecks.

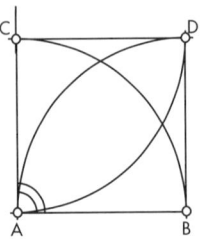

Quadrat
Man errichtet in A die Senkrechte auf $\overline{AB}$ und schlägt um A einen Kreis mit dem Radius $\overline{AB}$, der die Senkrechte in C schneidet. Die Kreisbögen um B und C mit dem Radius $\overline{AB}$ schneiden sich in D. A,B,C und D sind die Ecken des gesuchten Quadrats.

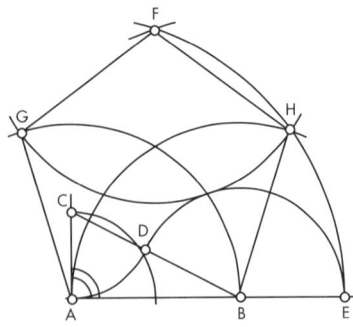

Fünfeck
Man errichtet in A die Senkrechte auf $\overline{AB}$. Der Kreis um A mit dem Radius $\frac{\overline{AB}}{2}$ schneidet die Senkrechte in C. Man verbindet B und C und schlägt um C den Kreis durch A. Der Schnittpunkt mit $\overline{BC}$ ist D. Der Kreis um B durch D schneidet die Verlängerung von $\overline{AB}$ in E. Die Kreise um A und B mit dem Radius $\overline{AE}$ schneiden sich in F. Die Kreise mit dem Radius $\overline{AB}$ um A, B und F schneiden sich in G und H. A,B,H,F,G sind die Ecken des gesuchten Fünfecks.

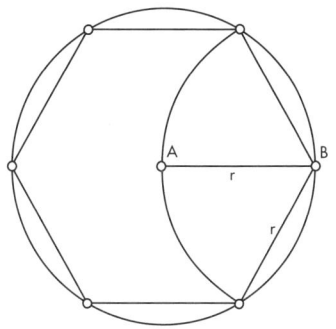

Sechseck

Aussage: Im regelmäßigen Sechseck sind die Seitenlänge und der Radius des Umkreises gleich. Man zeichnet einen Kreis mit dem Radius $\overline{AB}$ und trägt darauf sechsmal die Seitenlänge $\overline{AB}$ als Sehne ab.

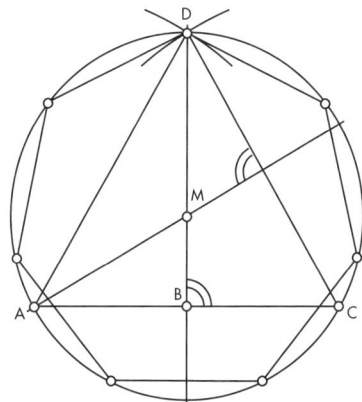

Siebeneck (Näherung)

Man verdoppelt $\overline{AB}$ und erhält den Endpunkt C. Die Kreise mit dem Radius $\overline{AC}$ um A und C schneiden sich in D. ACD ist ein gleichseitiges Dreieck, dessen Umkreis gleich dem Umkreis des gesuchten Siebenecks ist. Auf dem Umkreis trägt man sieben mal die Seitenlänge $\overline{AB}$ als Sehne ab.

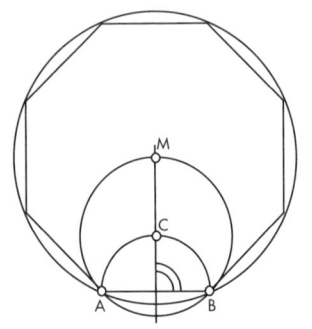

Achteck
Die Mittelsenkrechte und der Thaleskreis über $\overline{AB}$ schneiden sich in C. Der Kreis um C durch A und B schneidet die Mittelsenkrechte in M, dem Mittelpunkt des Umkreises. Auf dem Umkreis trägt man die Seitenlänge $\overline{AB}$ achtmal als Sehne ab.

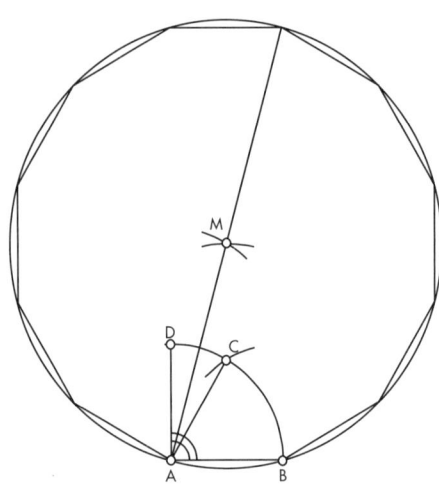

Zwölfeck
Man errichtet die Senkrechte in A. Die Kreise um A und B mit dem Radius $\overline{AB}$ schneiden sich in C. Der Kreis um A durch B schneidet die Senkrechte in D. Die Kreise um C und D durch A schneiden sich in M, dem Mittelpunkt des Umkreises. Auf dem Umkreis trägt man zwölf mal die Seitenlänge $\overline{AB}$ als Sehne ab.

Zentrische Streckung

Aussage: Der Mittelpunkt des Umkreises eines regelmäßigen Polygons ist zugleich Mittelpunkt einer Schar konzentrischer Kreise, die wiederum die Umkreise konzentrischer Polygone mit gegebener Seitenzahl sind. Hieraus läßt sich eine allgemeine Konstruktion für Polygone mit gegebener Seitenlänge ableiten.

Zentrische Streckung

Beispiel Fünfeck: Gegeben ist ein regelmäßiges Fünfeck A,B,C,D,E. Gesucht ist das konzentrische Fünfeck mit der Seitenlänge $\overline{A'B'}$. Die Ecken des gesuchten Fünfecks liegen auf einem Strahlenbüschel, das von M aus durch die Ecken des gegebenen Fünfecks verläuft. Man verlängert die gegebene Fünfeckseite $\overline{AB}$ über A auf die Länge $\overline{A'B'}$ und erhält den Endpunkt P. Die Parallele zum Strahl b durch P schneidet den Strahl a in A'. Die Parallele zu $\overline{AB}$ durch A schneidet den Strahl b in B'. $\overline{A'B'}$ ist eine Seite des gesuchten Fünfecks.

Ellipsenbegriffe: Definition, Brennpunkte, Brennstrahlen,
Abstandssumme, Mittelpunkt, Tangente, Sehne, Durchmesser,
konjugierte Durchmesser, Achsen, Scheitel,Scheitelkreise,
Fläche: 64
Ellipsenkonstruktionen: Brennpunktbestimmung,
Gärtnerkonstruktion, Scheitelkreiskonstruktion,
Tangentenkonstruktion, Krümmungskreiskonstruktion,
Papierstreifenkonstruktion, Rytzsche Achsenkonstruktion: 66
Parabelbegriffe: Definition, Brennpunkt, Leitlinie, Achsen,
Brennstrahlen, Scheitel, Scheiteltangente: 71
Parabelkonstruktionen: Punktkonstruktion, Konstruktion von
Brennpunkt und Leitlinie, Punktkonstruktion,
Tangentenkonstruktion, Krümmungskreiskonstruktion: 72
Hyperbelbegriffe: Definition, Brennpunkte, Brennstrahlen,
Abstandsdifferenz, Achse, Scheitel, Scheiteltangenten,
Asymptoten: 75
Hyperbelkonstruktionen: Punktkonstruktion,
Asymptotenkonstruktion: 76
Konfokale Kurven: 77

Wird ein Kegel von einer Ebene allgemeiner Lage
geschnitten, dann entstehen Schnittkurven, die als
Kegelschnitte bezeichnet werden. Diese Kurven sind
Kreis, Ellipse, Parabel oder Hyperbel.

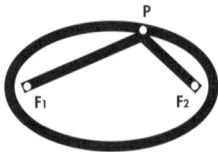

Ellipse

Eine Kurve, deren Punkte jeweils die gleiche Abstandssumme von zwei Festpunkten haben, ist eine Ellipse. Diese Festpunkte sind die beiden **Brennpunkte** F_1 und F_2 der Ellipse. Die Verbindungsgeraden der Brennpunkte zu einem Ellipsenpunkt sind die **Brennstrahlen.** Die Summe der Brennstrahlen ist die **Abstandssumme.**

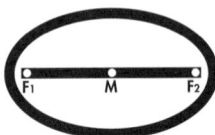

Mittelpunkt

Der Punkt, der die Verbindungsgerade der Brennpunkte halbiert, ist der Mittelpunkt M.

Tangente

Die Tangente in einem Ellipsenpunkt steht senkrecht zur Winkelhalbierenden der zugehörigen Brennstrahlen. Die Winkelhalbierende ist die Normale.

Sehne

Die Verbindungsgerade zweier allgemeiner Ellipsenpunkte ist eine Sehne. Die Tangenten in ihren Endpunkten schneiden sich.

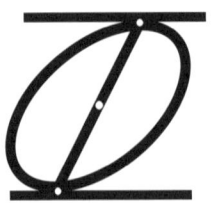

Durchmesser

Verläuft eine Sehne durch den Mittelpunkt, so heißt sie Durchmesser. Die Tangenten in den Endpunkten eines Durchmessers sind zueinander parallel.

Konjugierte Durchmesser

Jedem Durchmesser einer Ellipse kann ein zweiter Durchmesser zugeordnet werden, der zu den Tangenten in den Endpunkten des ersten parallel ist. Die Tangenten in den Endpunkten dieses zweiten Durchmessers sind dann parallel zum ersten. Paare solcher Durchmesser heißen konjugiert. Ihre Tangenten bilden ein Parallelogramm.

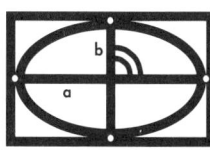

Achsen

Ein einziges Paar konjugierter Durchmesser steht senkrecht aufeinander. Dies sind die Achsen der Ellipse. Sie stellen den kleinsten und größten Ellipsendurchmesser dar und halbieren einander. Die Länge der großen Achse wird mit 2a, die der kleinen Achse mit 2b bezeichnet. Die große Achse und die Abstandssumme sind gleichlang. Auf der großen Achse liegen die Brennpunkte F_1 und F_2. Die Tangenten in den Endpunkten der Achsen bilden ein Rechteck. Die Achsen sind zugleich Spiegelachsen der Kurve.

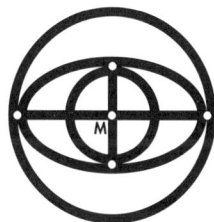

Scheitel, Scheitelkreise

Die Endpunkte der großen Achse heißen Hauptscheitel, die der kleinen Achse heißen Nebenscheitel. Die Tangenten in diesen Punkten sind die Scheiteltangenten. Die Kreise um M, die durch die Scheitel der beiden Achsen verlaufen, sind die Scheitelkreise. Ihre Radien sind a und b.

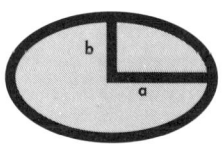

Fläche, Umfang

Das Ellipseninnere ist die Fläche. $F = ab\pi$
Der Umfang läßt sich rechnerisch nur näherungsweise ermitteln.
$U = \pi \left(\frac{3}{2}(a+b) - \sqrt{ab} \right)$

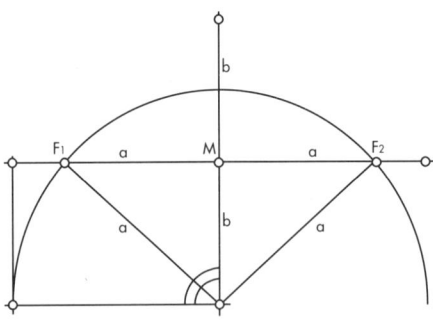

Brennpunktbestimmung
Gegeben sind die Achsen 2a und 2b einer
Ellipse. Gesucht sind die Brennpunkte F_1
und F_2. Der Kreis mit dem Radius a, Länge
der großen Halbachse, um einen der
Nebenscheitel schneidet die große Achse
in den Brennpunkten F_1 und F_2.

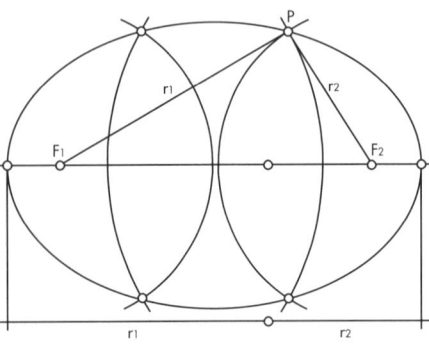

Gärtnerkonstruktion
Gegeben sind die Achse 2a und die Brennpunkte F_1 und F_2 einer Ellipse. Gesucht sind
weitere Ellipsenpunkte. Man teilt die große
Achse 2a beliebig in die Teilstrecken r_1 und
r_2. Die Schnittpunkte der Kreisbögen mit
den Radien r_1 und r_2 um die Brennpunkte F_1
und F_2 ergeben vier allgemeine Punkte der
Ellipse. Die Kreise um die Brennpunkte mit
dem Radius a ergeben die Nebenscheitel.

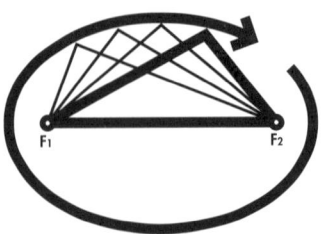

Praktische Anwendung
Ein um die Brennpunkte gelagerter und
durch den Zeichenstift unter Spannung
gehaltener Faden von der Länge 2a + $\overline{F_1F_2}$
gestattet ein schnelles Skizzieren der Ellipse.

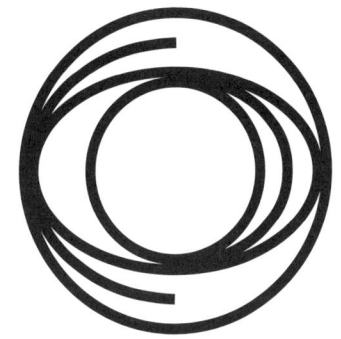

Da man sich die Ellipse sowohl durch
Stauchung des Hauptscheitelkreises als
auch durch Streckung des Nebenscheitel-
kreises entstanden denken kann, läßt sich
aus dieser Beziehung folgende Punktkonstruktion ableiten:

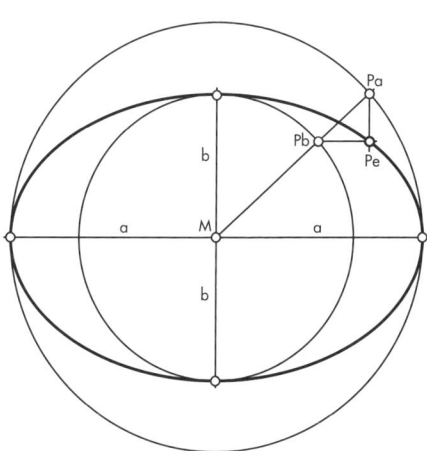

Scheitelkreiskonstruktion
*Gegeben sind die Achsen 2a und 2b einer
Ellipse. Gesucht sind allgemeine Punkte der
Ellipse. Ein Strahl vom Mittelpunkt M aus
schneidet die beiden Scheitelkreise in den
Punkten Pb und Pa. Durch Pa zieht man die
Parallele zu b (Stauchrichtung) und durch
Pb die Parallele zu a (Streckrichtung). Die
beiden Parallelen schneiden sich in Pe,
einem Punkt der Ellipse.*

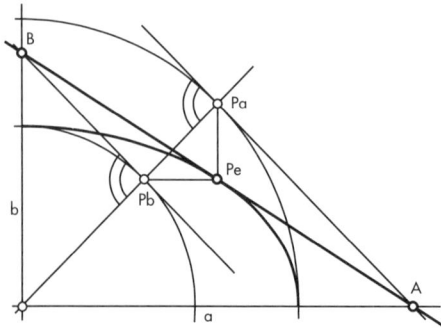

Tangentenkonstruktion

Um die Ellipsentangente in Pe zu zeichnen, konstruiert man zunächst die Tangenten in Pa und Pb an die Scheitelkreise. Die Tangente an den großen Scheitelkreis in Pa schneidet die Verlängerung der großen Achse in A, die Tangente in Pb schneidet die Verlängerung der kleinen Achse in B. Die Ellipsentangente in Pe verläuft durch A und B. Zur Konstruktion genügt A oder B, da die Tangente durch Pe verläuft.

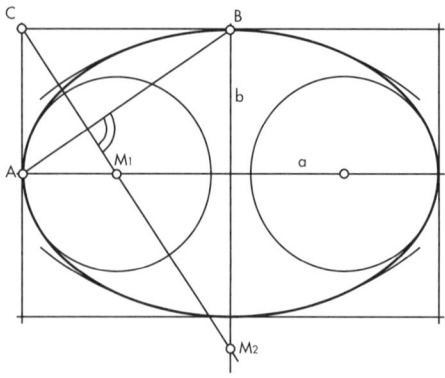

Krümmungskreiskonstruktion

Gegeben sind die Achsen 2a und 2b einer Ellipse. Gesucht sind die Scheitelkrümmungskreise der Ellipse. Die Scheiteltangenten von A und B schneiden sich in C. Das Lot von C auf $\overline{AB}$ schneidet die große Achse in M_1 und die verlängerte kleine Achse in M_2. Dies sind die Mittelpunkte der Scheitelkrümmungskreise der Ellipse. Ihre Radien sind $\overline{M_1A}$ und $\overline{M_2B}$. Mit Hilfe der Krümmungskreise läßt sich der Kurvenverlauf der Ellipse im Bereich der Scheitel mit guter Näherung zeichnen.

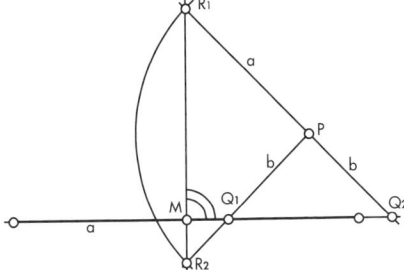

Papierstreifenkonstruktion

1.: Gegeben sind die große Ellipsenachse 2a und ein Punkt P der Ellipse. Gesucht ist die Länge der kleinen Achse 2b. Man schlägt um P den Kreis mit dem Radius a, der die kleine Achse in R_1 und R_2 schneidet. Die Verbindungsgeraden $\overline{PR_1}$ und $\overline{PR_2}$ schneiden die gegebene Achse 2a in Q_1 und Q_2. Die Strecken $\overline{PQ_1}$ bzw. $\overline{PQ_2}$ sind gleich der Länge der gesuchten Halbachse b.

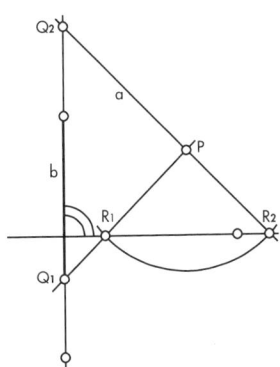

2.: Ist die kleine Ellipsenachse 2b gegeben und die Länge der großen Achse 2a gesucht, schlägt man um P den Kreis mit dem Radius b, der die große Achse in R_1 und R_2 schneidet. Die Verbindungsgeraden $\overline{PR_1}$ und $\overline{PR_2}$ schneiden die gegebene Achse 2b in Q_1 und Q_2. Die Strecken $\overline{PQ_1}$ und $\overline{PQ_2}$ sind gleich der Länge der gesuchten Halbachse a.

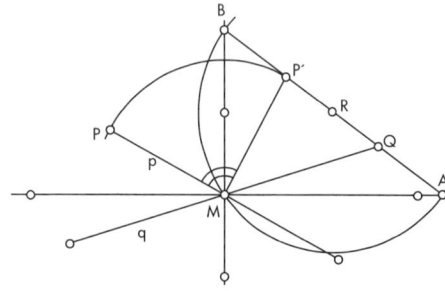

Rytzsche Achsenkonstruktion

Gegeben ist ein Paar konjugierter Durchmesser 2p und 2q einer Ellipse. Gesucht
sind die Achsen 2a und 2b. Man dreht den
Durchmesser p, dessen Endpunkt P ist, um
90° und erhält den Punkt P´. Der Kreis durch
M um den Mittelpunkt R der Strecke $\overline{P´Q}$
schneidet die Gerade $\overline{P´Q}$ in den Punkten A
und B Auf den Geraden $\overline{MA}$ bzw. $\overline{MB}$ liegen
die große bzw. kleine Achse . Die Strecke
$\overline{PA}$ bzw. $\overline{QB}$ ist die Länge der großen, die
Strecke $\overline{P´B}$ bzw. $\overline{QA}$ die Länge der kleinen
Halbachse.

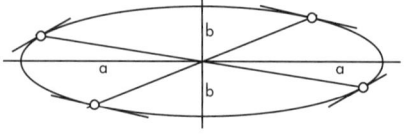

Die große Achse 2a liegt immer im kleinen
Winkelraum, die kleine Achse 2b im großen
Winkelraum der konjugierten Durchmesser.

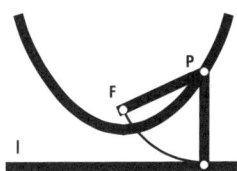

Parabel
Eine Kurve, deren Punkte jeweils von einem festen Punkt F und einer festen Geraden l den gleichen Abstand haben, ist eine Parabel. Der Festpunkt ist der **Brennpunkt F**, die Gerade die **Leitlinie l** der Parabel.

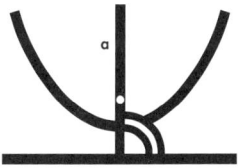

Achse
Die Gerade, die durch den Brennpunkt F und senkrecht zur Leitlinie l verläuft, ist die Achse a der Parabel. Sie ist zugleich Spiegelachse der Kurve.

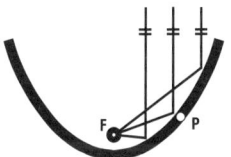

Brennstrahlen
Die Parabel läßt sich auch als Ellipse definieren, deren zweiter Brennpunkt im Unendlichen liegt. Daraus folgt, daß die zu einem Parabelpunkt P gehörenden Brennstrahlen einerseits zum Brennpunkt F, andererseits parallel zur Parabelachse verlaufen.

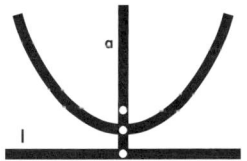

Scheitel
Der Schnittpunkt der Parabel mit ihrer Achse a ist der Scheitel. Er halbiert den Abstand zwischen Brennpunkt F und Leitlinie l.

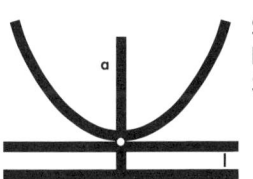

Scheiteltangente
Die Tangente im Scheitel der Parabel ist die Scheiteltangente. Sie verläuft parallel zur Leitlinie l und senkrecht zur Achse a.

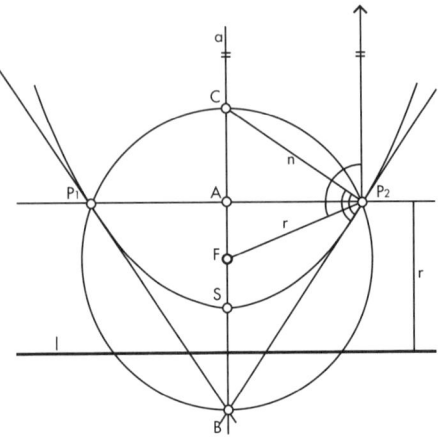

Punktkonstruktion

Gegeben sind der Brennpunkt F und die Leitlinie l einer Parabel. Gesucht sind allgemeine Punkte der Parabel mit ihren Tangenten. Man zeichnet im beliebigen Abstand r eine Parallele zur Leitlinie l und schlägt den Kreis mit dem Radius r um den Brennpunkt F. Die Schnittpunkte P₁ und P₂ des Kreises mit der Parallelen zu l sind allgemeine Punkte der Parabel. Die Tangenten in P₁ und P₂ stehen senkrecht auf den Winkelhalbierenden der Brennstrahlen und schneiden sich im Punkt B auf der Parabelachse. Die Parallele im Abstand r schneidet die Parabelachse in A. Die Strecke $\overline{AB}$ heißt Subtangente der Punkte P₁ und P₂ und wird durch den Scheitel S der Parabel halbiert. Der Kreis um F mit dem Radius r schneidet die Parabelachse in B und C. B ist der Schnittpunkt der Parabeltangenten in P₁ und P₂ auf der Achse a. C ist der Schnittpunkt der Winkelhalbierenden der Brennstrahlen in P₂ mit der Parabelachse a. Die Winkelhalbierende der Brennstrahlen in P₂ ist zugleich die Normale n der Tangente in P₂.

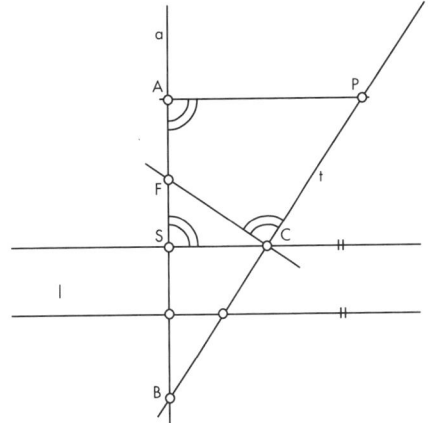

Konstruktion von Brennpunkt und Leitlinie

Gegeben sind die Achse a, der Scheitel S und ein allgemeiner Punkt P einer Parabel. Gesucht sind der Brennpunkt F und die Leitlinie l. Man fällt das Lot von P auf die Parabelachse und erhält den Punkt A. Man konstruiert die Subtangente durch Verdoppelung der Strecke $\overline{AS}$ über S hinaus und erhält den Punkt B. Die Gerade durch B und P ist die Parabeltangente t in P, die die Scheiteltangente in C schneidet. Die Senkrechte in C zur Parabeltangente schneidet die Parabelachse im gesuchten Brennpunkt F. Die Leitlinie verläuft parallel zur Scheiteltangente im Abstand $\overline{FS}$ vom Scheitel S der Parabel.

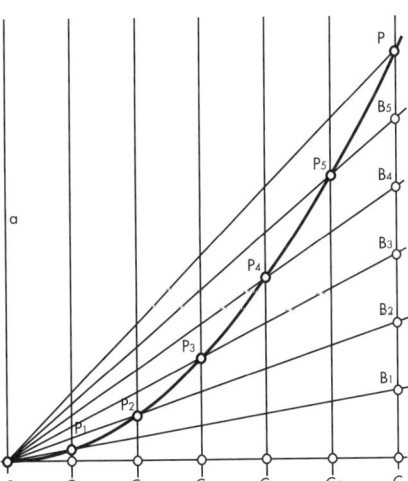

Punktkonstruktion

Gegeben sind die Achse a, der Scheitel S und ein allgemeiner Punkt P der Parabel. Gesucht sind weitere Parabelpunkte. Man fällt das Lot von P auf die Scheiteltangente und erhält den Punkt C. Die Strecken $\overline{PC}$ und $\overline{SC}$ werden in n gleiche Teile geteilt (z.B. n= 6), so daß man auf $\overline{CP}$ die Teilungspunkte B_1, B_2,..und auf $\overline{SC}$ die Teilungspunkte C_1, C_2,...erhält. Die Parallelen zur Parabelachse a durch C_1, C_2,... schneiden die Verbindungsgeraden B_1S, B_2S,... in den Parabelpunkten P_1, P_2,... .

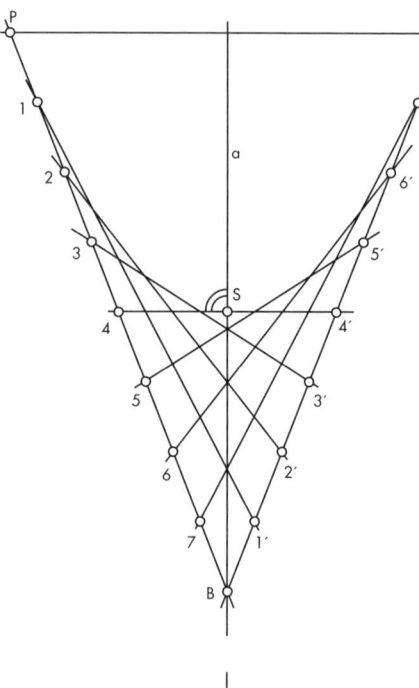

Tangentenkonstruktion:
Gegeben sind die Parabelachse a und zwei zur Parabelachse symmetrisch liegende Parabelpunkte P und P mit ihren Tangenten. Gesucht sind weitere Parabeltangenten. Die gegebenen Tangenten schneiden sich im Punkt B auf der Parabelachse. Man teilt die Strecken $\overline{PB}$ und $\overline{BP'}$ in n gleiche Teile und erhält die Teilungspunkte 1, 2, ...n und 1´, 2´,...n´. Die Verbindungsgeraden der Teilungspunkte 1´1, 2´2,.. n´n sind weitere Parabeltangenten. Der Scheitel S ist Mittelpunkt der Strecke $\overline{AB}$. Die Scheiteltangente ergibt sich, wenn n geradzahlig ist.

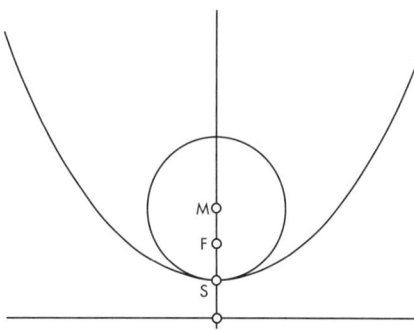

Krümmungskreiskonstruktion
Mit Hilfe des Scheitelkrümmungskreises läßt sich die Parabel im Bereich ihres Scheitels mit sehr guter Näherung zeichnen. Der Mittelpunkt M des Scheitelkrümmungskreises liegt auf der Parabelachse und hat vom Scheitel S den doppelten Abstand wie der Brennpunkt F.

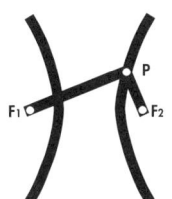

Hyperbel

Eine Kurve, deren Punkte jeweils die gleiche Abstandsdifferenz von zwei Festpunkten haben, ist eine Hyperbel. Die Festpunkte sind die **Brennpunkt**e der Hyperbel.

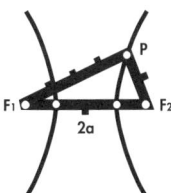

Brennstrahlen, Abstandsdifferenz

Die Verbindungsstrecken der Brennpunkte zu einem Hyperbelpunkt sind die Brennstrahlen. Die Differenz der Brennstrahlen ist die Abstandsdifferenz 2a.

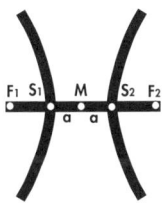

Achse, Scheitel, Mittelpunkt

Die Gerade, auf der die Brennpunkte F_1 und F_2 liegen, ist die Hyperbelachse. Die Schnittpunkte der Hyperbel mit der Achse sind die Scheitel S_1 und S_2. Der Scheitelabstand ist gleich der Abstandsdifferenz 2a. Der Punkt, der die Strecke $\overline{F_1F_2}$ halbiert, halbiert zugleich die Strecke $\overline{S_1S_2}$ und ist der Mittelpunkt der Hyperbel.

Scheiteltangenten

Die Tangenten in den Scheiteln der Hyperbel sind die Scheiteltangenten. Sie sind zueinander Parallel und verlaufen senkrecht zur Hyperbelachse.

Asymptoten

Die Hyperbel hat zwei Tangenten, deren Berührpunkte im Unendlichen liegen. Sie heißen Asymptoten und schneiden sich im Mittelpunkt M.

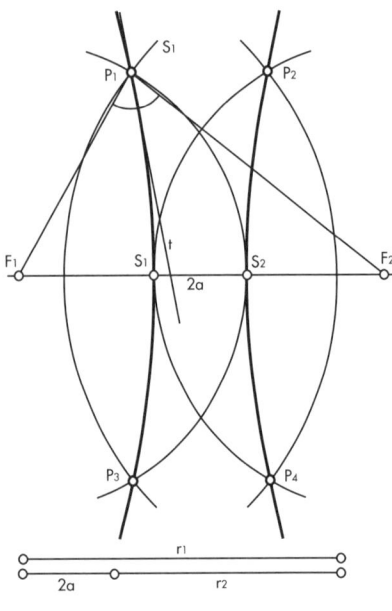

Punktkonstruktion

Gegeben sind die Brennpunkte F1 und F2 und die Abstandsdifferenz 2a einer Hyperbel. Gesucht sind allgemeine Punkte der Hyperbel mit ihren Tangenten. Man wählt einen beliebigen Radius r1 und bildet die Differenz r1 - 2a = r2. Die Kreise um F1 und F2 mit den Radien r1 und r2 schneiden sich in vier allgemeinen Punkten P1,P2, P3,P4 der Hyperbel. Die Winkelhalbierende der beiden Brennstrahlen des Hyperbelpunktes P1 ist die Tangente t in P1 an die Hyperbel.

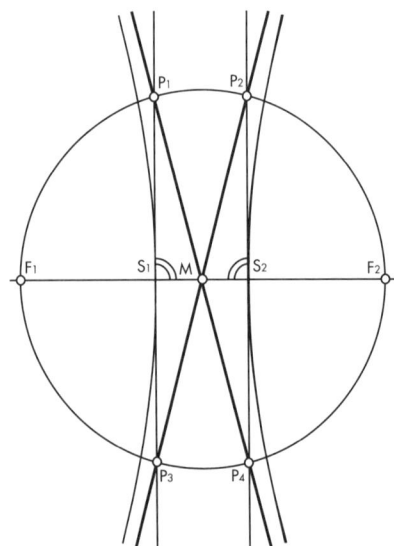

Asymptotenkonstruktion

Gegeben sind die Brennpunkte F1 und F2 sowie die Scheitel S1 und S2 einer Hyperbel. Gesucht sind die Asymptoten der Hyperbel. Man bestimmt den Mittelpunkt M durch Halbierung der Strecke F1F2. Der Kreis um M durch F1 und F2 schneidet die Scheiteltangenten in den Punkten P1,P2,P3,P4. Die Verbindungsgeraden durch P1,M und P4, sowie P2, M und P3 sind die Asymptoten der Hyperbel.

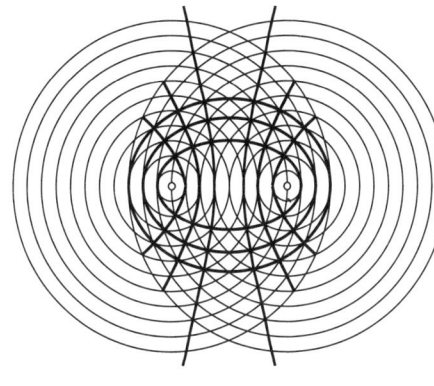

Konfokale Kurven
Haben Kurven gemeinsame Brennpunkte, dann heißen sie konfokal. Zeichnet man zwei Scharen konzentrischer Kreise, deren Radien gleichmäßig ansteigen, dann bilden die Schnittpunkte beider Kreisscharen eine Schar konfokaler Hyperbeln, deren Brennpunkte die Mittelpunkte der Kreisscharen sind. Die Schnittpunkte beider Kreisscharen bilden zugleich eine Schar konfokaler Ellipsen, deren Brennpunkte ebenfalls die Mittelpunkte der Kreisscharen sind. Ellipsen und Hyperbeln schneiden einander rechtwinklig.

Spiralbegriffe, Definitionen, archimedische Spirale,
Radienzuwachs, Steigung, logarithmische Spirale: 80
Spiralkonstruktionen: 81
Spezielle Logarithmische Spiralen: 83
Kreisevolvente: 84

Spirale

Eine Kurve, deren Punkte sich radial um ein Zentrum bewegen und dabei ihren Abstand zum Zentrum gleichförmig vergrößern oder verkleinern, ist eine Spirale.

Archimedische Spirale

Verändern die Punkte der Kurve ihren Abstand vom Zentrum proportional zum Drehwinkel, so ist die Kurve eine archimedische Spirale. Das heißt, in Proportion zum Drehwinkel verändern sich die Radien entsprechend einer arithmetischen Zahlenreihe, z.B. 2, 4, 6, 8, … .Die archimedische Spirale erreicht ihr Zentrum.

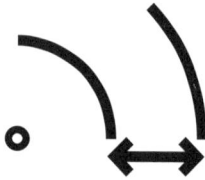

Radienzuwachs, Steigung

Der Abstand der Windungen einer archimedischen Spirale ist gleich dem Radienzuwachs nach einer vollen Umdrehung und heißt Steigung.

Logarithmische Spirale

Verändern die Punkte der Kurve ihren Abstand vom Zentrum exponentiell in Proportion zum Drehwinkel, d. h. in einer geometrischen Zahlenreihe, z.B. $2^1, 2^2, 2^3, 2^4, 2^5 …$, dann ist die Kurve eine logarithmische Spirale. Sie nähert sich ihrem Zentrum asymptotisch.

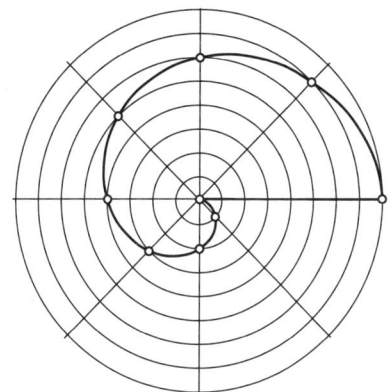

Archimedische Spirale, Punktkonstruktion

Gegeben sind ein regelmäßiges Strahlenbüschel und die Steigung Z einer archimedischen Spirale. Gesucht sind die Punkte einer Spirale, die auf den Strahlen liegen. Die Steigung Z dividiert durch die Anzahl der Strahlen ergibt den Zuwachs zwischen zwei benachbarten Punkte pro Strahl, der vom Zentrum aus auf den Strahlen abgetragen wird. Die Punkte der Spirale lassen sich zeichnerisch als Schnittpunkte des Strahlenbüschels mit einer Schar konzentrischer Kreise ermitteln, deren Radien gleichmäßig ansteigen.

Archimedische Spirale

Da ein Punkt einer archimedischen Spirale auch bei sehr kleiner Drehwinkeländerung seinen Abstand zum Zentrum verändert, läßt sich die archimedische Spirale zeichnerisch nur punktweise konstruieren. Dabei kann der Kurvenverlauf zwischen den konstruierten Punkten durch Kreisbögen mit tangentialem Übergang angenähert werden. Hierbei geht man von regelmäßigen Vielecken aus, deren Ecken die Mittelpunkte von Kreisbögen sind. Die Steigung ist dann die Summe aller Vieleckseiten. Die Annäherung der Kreisbögen an den tatsächlichen Kurvenverlauf der Spirale wird mit steigender Anzahl der Vieleckseiten genauer

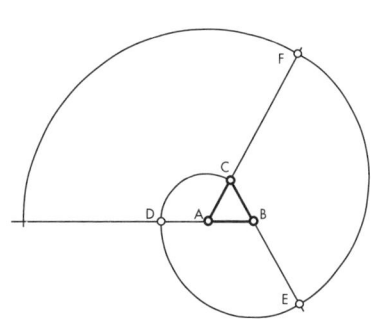

Näherung durch Drittelkreise

Gegeben ist ein gleichseitiges Dreieck ABC. Gesucht ist eine der drei möglichen angenäherten Spiralen. Der Drittelkreis um A mit dem Radius AC schneidet die Verlängerung von BA in D. Der Drittelkreis um B mit dem Radius BD schneidet die Verlängerung CB in E usw.. Die Strecke CF ist gleich der Steigung der Spirale. Sie entspricht der Summe der Seiten des Dreiecks ABC. Die Punkte C,D,E,F sind exakte Punkte der Spirale, die in C beginnt.

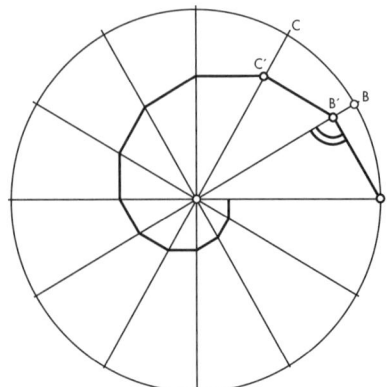

Logarithmische Spirale, Punktkonstruktion

Aussage: Die logarithmische Spirale schneidet jeden Strahl durch den Mittelpunkt M unter demselben Winkel. Daraus ergibt sich folgende Punktkonstruktion:

Im Mittelpunkt eines Kreises mit beliebigem Radius zeichnet man ein regelmäßiges Strahlenbüschel. Die Schnittpunkte A,B,C,..,der Strahlen a,b,c,...mit dem Kreis sind die Eckpunkte eines regelmäßigen Vielecks. Das Lot von A auf den Strahl b ergibt den Lotfußpunkt B´. Das Lot von B´ auf den Strahl c ergibt den Lotfußpunkt C´, usw. A,B´,C´,D´...sind die Punkte einer logarithmischen Spirale, die sich in immer kleiner werdenden Windungen asymptotisch ihrem Zentum nähert.

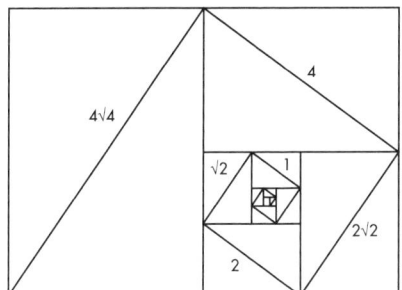

DIN- Spirale
Ausgehend von einem DIN- Rechteck entstehen durch jeweilige Verdoppelung immer größer werdende Rechtecke gleicher Proportion. Die Diagonalen in diesen Rechtecken ergeben eine Logarithmische Reihe: $1, \sqrt{2}, 2, 2\sqrt{2}, 4, 4\sqrt{2}, 8, 8\sqrt{2},...$.

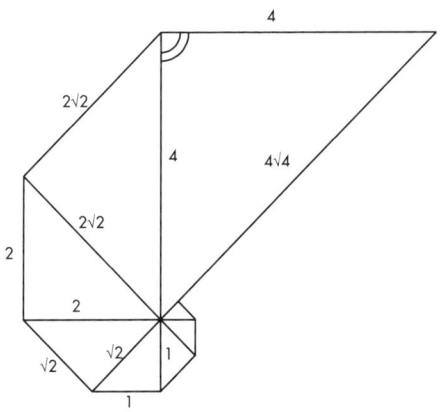

√2- Spirale
Nach der gleichen Zahlenreihe wächst die √2- Spirale, die aus halben Quadraten besteht.

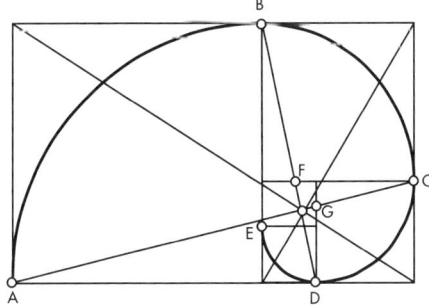

Spirale im goldenen Rechteck
Jedes goldene Rechteck läßt sich in ein Quadrat und ein kleineres goldenes Rechteck teilen. Durch fortlaufende Teilung entsteht eine spiralförmige Anordnung von Quadraten. Die Spirale läßt sich näherungsweise durch Viertelkreise mit tangentialem Übergang darstellen. Dabei sind A,B,C,D,E,F exakte Punkte der Spirale.

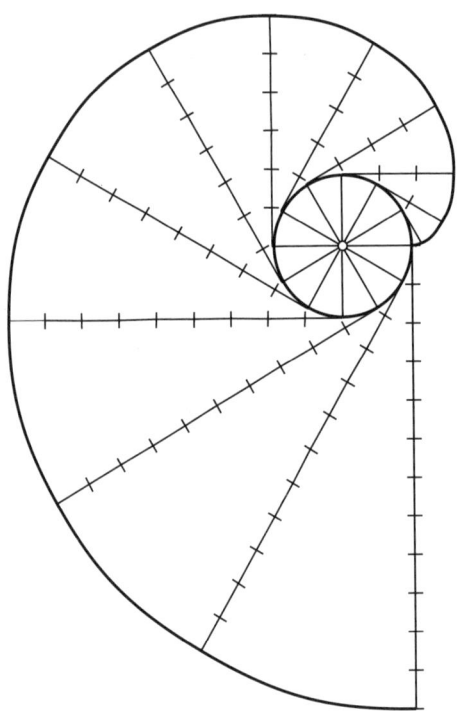

Kreisevolvente, Punktkonstruktion
Gegeben ist ein Kreis. Gesucht ist die
Kreisevolvente. Kreis und Kreisumfang
werden zwölfgeteilt (Kochansky). In
den Teilungspunkten werden die Halb-
tangenten konstruiert. Auf der ersten
Halbtangente wird vom Berührpunkt aus
ein Zwölftel des Kreisumfangs einmal
abgetragen, auf der zweiten zweimal,
usw.. Die zwölfte Halbtangente hat
dann die Länge des Kreisumfanges.
Die Evolvente ist eine Spirale, deren
Steigung dem Kreisumfang entspricht.
Jeder Punkt der Kreisperipherie kann
Ausgangspunkt der Kreisevolvente sein,
d.h., zu jedem Kreis lassen sich unendlich
viele Evolventen zeichnen, die alle kongruent sind.

A

Abbildung 20
Abstandsdifferenz (Hyperbel) 75
Abstandssumme (Ellipse) 64
Achsen (Ellipse) 65
Achse (Hyperbel) 75
Achse (Parabel) 71
Achsenkonstruktion (Ellipse) 70
Achteck 60
Achteck im Quadrat 56
Achtteilung (Kreis) 36
Affinität 21
Ähnlichkeit 21
Ankreise
-Dreieck 41
-Viereck 51
Anschlußkurven 33
Asymptoten (Hyperbel) 75
Asymptotenkonstruktion 76
Außenwinkel/- halbierende
-Dreieck 40
-Viereck 51

B

Bogen (Kreis) 24
Brennpunkte
-Ellipse 64
-Parabel 71
-Hyperbel 75
Brennpunktbestimmung
-Ellipse 66
-Parabel 73
Brennstrahlen
-Ellipse 64
-Parabel 71
-Hyperbel 75

C

Cusanus 34

D

Dimensionen 10
Dreieck
-Begriffe 40
-Sätze 42
-Konstruktionen 47
-Typen 43
Durchmesser
-Kreis 24
-Ellipse 64

E

Ecken
-Dreieck 40
-Viereck 50
Elemente 10
Ellipse
-Begriffe 64
-Konstruktionen 66
Euklidsatz 46

F

Fläche
-Kreis 26
-Ellipse 67
-Viereck 50
-Dreieck 40
Fünfeck 58
Fünfteilung (Kreis) 35

G
Gärtnerkonstruktion (Ellipse) 66
Grundlagen/Grundbegriffe 10

H
Hippokrates, Monde des 45
Höhensatz 46
Hyperbel
-Begriffe 75
-Konstruktionen 76

I
Innenwinkel
-Dreieck 40
-Viereck 51
Inkreis
-Dreieck 41
-Viereck 51

K
Kathetensatz (Euklidsatz) 46
Kollinearität 12
Komplanarität 12
Kongruenz 22
konvexes/konkaves Viereck 50
Kreis
-Begriffe 24
-Sätze 27
-Konstruktionen 30
-Umfang 24,34
-Teilungen 35
Kreisevolvente 84
Krümmungskreiskonstruktion
-Ellipse 68
-Parabel 74
Kurve 10

L
Leitlinie 71
logarithmische Spirale 80
Lot 13
-Konstruktionen 14

M
Mittelpunkt
-Kreis 24
-Ellipse 64
Mittelpunktsbestimmung 30
Mittelsenkrechte
-Dreieck 41
-Viereck 51

N
Normale 25

P
Papierstreifenkonstruktion (Ellipse) 69
Parabel
-Begriffe 71
-Konstruktionen 72
Parallelogramm 53
Peripherie (Kreis) 24
Peripheriewinkel (Kreis) 25
Projektionssatz 42
Punkt 10
Punktkonstruktionen
-Kreisevolvente 84
-Spirale 81
-Parabel 72
-Hyperbel 76
Pytagorassatz 44
pytagoräische Zahlen 44

Q

Quadrant (Kreis) 26
Quadrat
-Definition 53
-*Konstruktion 58*
Quadratur des Rechtecks 47

R

Radius (Kreis) 24
Radienzuwachs (Spirale) 80
Raute 53
Rechteck 53
-Spezielle Rechtecke 54
Rektifikation des Kreises 34
Rhomboid 53
Rhombus 53

S

Scheitel
-Ellipse 65
-Parabel 71
-Hyperbel 75
Scheiteltangente
-Ellipse 65
-Parabel 71
.Hyperbel 75
Scheitelkreise (Ellipse) 65
Scheitelkreiskonstruktion (Ellipse) 67
Scherung 21
Schwerpunkt (Dreieck) 41
Sechseck 59
Segment (Kreis) 26
Sehne (Ellipse) 64
Sehne (Kreis) 24
Sehnensatz 27
Sehnen-Tangentenwinkel 28
Sehnenviereck 28

Seite
-Dreieck 40
-Viereck 50
Seitenhalbierende (Dreieck) 41
Seitenwinkel (Polygone) 38
Sekante (Kreis) 25
Sekantensatz 27
Sektor (Kreis) 26
Siebeneck 59
Spitzwinkligkeit (Dreieck) 43
Strahl 12
Strahlenbüschel 12
Strecke 13
Streckenteilungen 15
Streckung, zentrische 20
Stumpfwinkligkeit (Dreieck) 43
Spiralen
-Begriffe 80
-*Konstruktionen 81*
-DIN 83
-$\sqrt{2}$ 83
-im goldenen Rechteck 83

T

Tangente
-Kreis 25
-Ellipse 63
Tangentenkonstruktion
-*Kreis 31*
-*Ellipse 68*
-*Parabel 74*
Tangentensatz 27
Tangentenviereck 28
Trapez 52

U

Umfang
-Kreis 24
-*Ermittlung 34*
-Ellipse 65
Umkreis
-Dreieck 41
-Viereck 51
-Polygone 57

V

Viereck
-Begriffe 50
-Typen 52

W

Winkel 16
-Typen 17
-*Konstruktionen 18*
-*Teilungen 19*
Winkelhalbierende 16/ 17
-Dreieck 41
-Viereck 51
Winkelsumme
-Dreieck 40
-Viereck 51

Z

Zentrische Streckung 21, 61
Zentriwinkel (Kreis) 25
Zwölfeck 60
Zwölfteilung (Kreis) 37

-Scamozzi, L´Idea della Architettura Universale, Venedig 1615
-Spieker, Ebene Geometrie; Potsdam 1862
-Becker/Vonderlin, Geometrisches Zeichnen, Leipzig 1907
-Lambacher/Schweizer, Geometrie, Stuttgart 1956
-Reutter, Darstellende Geometrie, Karlsruhe 1957
-Paas, Projektionslehre, Weinheim 1962
-Gellert, Handbuch der Mathematik, Leipzig/Köln 1972

Friedhelm Kürpig,
geb. 22.4.1942 in Düsseldorf,
1962-1969 Architekturstudium an der
Rheinisch- Westfälischen Technischen Hochschule in Aachen,
1970-1976 wiss. Assistent am Institut für Geometrie
und praktische Mathematik der RWTH, Aachen,
1978 Berufung an die Hochschule für Bildende Künste in Hamburg.
Seit 1984 Professor für Konstruktive Geometrie an der HfBK, Hamburg.

Oliver Niewiadomski,
geb. 19.6.1963 in Hamburg
1984-90 Studium an der Hochschule für Bildende Künste in Hamburg
im Fachbereich Industrial Design, Diplom.
1986-1989 Tutor im Fachgebiet Konstruktive Geometrie.
Seit 1990 freiberufliche Tätigkeit.

Bauphysik

Planung und Anwendung

von Erich Schild, H.-F. Casselmann, Günter Dahmen
und Rainer Pohlenz

*4., neubearb. Aufl. 1990. VIII, 215 S. mit 310 Tab. 21,3 x 30,3 cm.
Gebunden.
ISBN 3-528-38662-2*

SCHILD
CASSELMANN
DAHMEN
POHLENZ

BAUPHYSIK
PLANUNG UND ANWENDUNG

WÄRMESCHUTZ
DAMPFDIFFUSION
FORMÄNDERUNGEN
BELEUCHTUNG
SONNENSCHUTZ
RAUMAKUSTIK
SCHALLSCHUTZ

Der Inhalt des Buches gliedert sich in die Hauptabschnitte Wärmeschutz, Wasserdampfdiffusion und Formänderungen, Belichtung und Sonnenschutz, Raumakustik und Schallschutz. Ausgehend von den Planungsaufgaben der Architekten, werden in jedem Abschnitt Grundüberlegungen angestellt und die sich hieraus ergebenden Konstruktions- und Planungsempfehlungen aufgeführt. Nach der Zusammenstellung der Forderungen und Bewertung folgen jeweils Anwendungsbeispiele. Nach dem Grundsatz „So wenig Theorie wie möglich und so viel wie nötig" ist das Schwergewicht auf die systematischen Schritte der Anwendung gerichtet.

Verlag Vieweg · Postfach 58 29 · D-6200 Wiesbaden

vieweg